职业教育课程改革与创新系列教材

SolidWorks 机械设计与创新

主　编　吕俊流

副主编　王　屹　曾　铮

参　编　何京华　廖信勇

机械工业出版社

"机械设计与创新"课程旨在让学生在掌握所学相关知识的基础上，进行典型机械产品的改造与设计，让学生能够学以致用，强化运用基础理论解决实际问题的能力。本书以 SolidWorks 软件为载体，循序渐进地介绍了机械产品装配、建模、仿真、测绘等内容，并最终运用所学知识对典型机械产品进行改造与创新。全书共分为绪论和五个项目。绪论阐述了机械设计、创新设计的概念以及具体的创新案例分析；项目一介绍常见机构虚拟装配实例；项目二介绍典型机构建模与装配实例；项目三介绍典型部件运动原理仿真实例；项目四介绍实物测绘实例；项目五介绍机械设计创新实例。

　　本书可作为职业院校及技师学院机械类相关专业教材，也可供从事机械创新类课程教学的人员参考使用。

　　为方便教学，本书配套电子课件、案例素材等，选用本书作为授课教材的教师可登录 www.cmpedu.com 注册并免费下载。

图书在版编目（CIP）数据

SolidWorks 机械设计与创新/吕俊流主编. —北京：机械工业出版社，2022.4
（2024.1 重印）

职业教育课程改革与创新系列教材

ISBN 978-7-111-70508-6

Ⅰ.①S… Ⅱ.①吕… Ⅲ.①机械设计-计算机辅助设计-应用软件-职业教育-教材　Ⅳ.①TH122

中国版本图书馆 CIP 数据核字（2022）第 057959 号

机械工业出版社（北京市百万庄大街 22 号　邮政编码 100037）
策划编辑：赵红梅　　　　责任编辑：赵红梅　杜丽君
责任校对：樊钟英　王明欣　封面设计：马精明
责任印制：郜　敏
北京富资园科技发展有限公司印刷
2024 年 1 月第 1 版第 5 次印刷
184mm×260mm · 9 印张 · 222 千字
标准书号：ISBN 978-7-111-70508-6
定价：29.00 元

电话服务　　　　　　　　　网络服务
客服电话：010-88361066　　机　工　官　网：www.cmpbook.com
　　　　　010-88379833　　机　工　官　博：weibo.com/cmp1952
　　　　　010-68326294　　金　书　网：www.golden-book.com
封底无防伪标均为盗版　机工教育服务网：www.cmpedu.com

前　言

当前，职业教育担负着为社会培养高素质技术技能人才的重要职责。为适应新时代知识经济和科学技术的发展，加强对学生创新能力和创新意识的培养以及提升学生的技能操作能力和综合素养迫在眉睫。

本书受世界技能大赛比赛模块——"CAD 机械设计项目"内容启发而编写，旨在加强课程与学科前沿和现实产品的联系，选取具有典型性和创造性的案例，让学生在学习过程中突破思维的桎梏，努力培养学生创新能力，鼓励学生个性发展，全面提升学生的综合素质。

本书通过对机械设计的分析，向学生介绍创新设计的理论、思想和方法，并以 SolidWorks 软件为载体，系统地介绍了应用 SolidWorks 软件进行机械产品建模、装配、仿真、测绘等操作的方法。其中绪论、项目一~四从创新理念、软件应用等内容展开介绍，结合新技术和产品开发改造，启发学生的思维，为项目五"机械设计创新实例"中电刨机的创新设计做技能铺垫，最终引导学生一步步完成电刨机的设计变更、外壳创新设计以及渲染展示任务。

本书由广州市机电技师学院吕俊流任主编，由广州市机电技师学院王屹、曾铮任副主编，广州市机电技师学院何京华、廖信勇参与编写。具体分工如下：王屹编写绪论部分，廖信勇和何京华共同编写项目一、项目二，吕俊流编写项目三、项目五部分内容并对全书进行统稿，曾铮编写项目四、项目五部分内容。感谢广州市机电技师学院机械教研部全体教师在本书编写过程中提供的大力帮助，特别感谢王治平老师为本书编写提出宝贵的建议。

由于编者水平和经验有限，书中难免存在缺点和不足，欢迎广大读者批评指正，以便今后修正完善。

编　者

目 录

绪　论

创新是推动科学技术发展的动力，是促进社会进步和经济发展的重要因素。当今世界各国在政治、经济、军事和科学技术方面的激烈竞争，实质上是人才的竞争，而人才竞争的关键是人才创造力的竞争。

职业院校是培养高素质技术技能人才的重要途径，为适应经济及社会发展对创新人才的需求，职业教育应转变教育观念，探索适合创新人才成长的培养模式，而改革的重点在于加强对学生创新能力和素质的全面培养。

"机械创新设计"课程以机械设计领域的创新设计问题为载体，通过对机械创新设计问题的分析，向学生传授创新设计的理论和方法。通过对成功机械创新设计案例的分析，引导学生理解蕴藏在其中的创新理论；通过对创新设计案例的归纳，使学生学会创新设计的方法和技巧。在课内外的创新设计训练中，应用创新设计的理论与方法，去实践从确定创新题目、构思实现功能的原理解法、设计详细结构到加工调试的全过程。通过成功的创新设计实践，提升学生对从事创新设计的兴趣和自信。通过课堂讨论和多种形式的思维训练，改变学生的思维模式，提高思维活动的灵活性、开放性、发散性及变通性，有效地开发学生的创造能力。

一、机械创新设计概述

创新为建立现代科学体系奠定了知识根基，使人类的科学视野得到史无前例的拓展。

机械创新设计是指充分发挥设计者的创造力，利用人类已有的相关科学技术成果（含理论、方法、技术、原理等）进行创新构思，设计出具有新颖性、创造性及实用性的机构或机械产品（装置）的一种实践活动。它包含两个部分：一是改进完善生产或生活中现有机械产品的技术性能、可靠性、经济性、适用性等；二是创造设计出新产品、新机器，以满足新的生产或生活的需要。

机械创新设计具有以下特点：

1）内容涉及多个学科，如机械、液压、电力、气动、热动、电子、光电、电磁及自动控制等，是多个学科的交叉、渗透与融合。

2）设计过程中部分工作是非数据性、非计算性的，在知识和经验积累的基础上，还需要思考、推理、判断能力以及创造性的发散思维，在知识、经验、灵感与想象力的融合中搜索并优化设计方案。

机械创新设计是多次反复、多级筛选的过程，每一个设计阶段都有其特定内容与方法，但各阶段之间又密切相关，形成一个整体的系统设计过程。

二、机械设计方法

机械设计方法分类见表0-1。

表　0-1

1. 常规设计

常规设计是依据力学和数学建立的理论公式和经验公式，以实践经验为基础，运用图表和手册等技术资料，进行设计计算、绘图和编写设计说明书的过程。该方法强调以成熟的技术为基础，目前常规机械设计方法仍然是机械工程中使用的主要设计方法。例如，轴的结构设计过程。

1）按功率计算出轴的最小直径 $d \geqslant C^3\sqrt{P/n}$ 。

2）根据轴上零件的轴向固定和轴向固定查阅设计手册。

3）结构设计。

2. 现代设计

现代设计是以计算机为工具，以工程软件为基础，运用现代设计理念进行的机械设计。可靠性设计、优化设计、有限元设计、计算机辅助设计、虚拟设计等都是常用的现代设计方法。

现代设计方法在强调运用计算机、工程设计与分析软件和现代设计理念的同时，其基本的设计内容是建立在常规设计的基础上。在强调现代设计方法时，不可忽视常规设计方法的重要性。

3. 创新设计

创新设计是指充分发挥设计者的创造力，利用人类已有的相关科学技术知识，进行创新构思，设计出具有新颖性、创造性及实用性的机械产品。

无论设计方法如何，常规设计仍然是最基本的设计方法，是机械设计课程的根本内容。有关常规设计的基本理论、基本方法与基本技能不应减少。

三、创新设计案例

创新指创造性实践，相对于发现、发明、创造是有所不同的。

1）发现是指原本早已存在的实物，经过人们不断努力和探索后被人们认知到的具体结果。

2）发明是指人们提出或完成原本不存在的、经过不断努力和探索提出的或完成的具体结果。

3）创造也是完成新成果的过程，但可能具有一定的参照物，而不强调原本不存在的实物。

4）创新是指提出或者完成具有独特性、新颖性和实用性的理论或产品的过程。

创新具有多种作用，或提高工作效率，或巩固企业的竞争地位，或改善人们生活质量，等等。创新不一定是全新的东西，旧的东西以新的形式出现或与新的方式结合出现都是创新。创新与创造并无本质差别，创新是创造的具体表现。但创新更强调创造成果的新颖性、独特性和实用性。

1. 设计的概念

设计是指根据社会或市场的需要，利用已有的知识和经验，依靠人们的思维和劳动，借助各种平台（数学方法、实验设备、计算机等）进行反复判断、决策、量化，最终实现把人、物、信息资源转化为产品的过程。

设计从最初为了满足生存需要，单凭直觉的创造活动，发展到为了提高人们生活质量，利用现代设计方法进行创新设计。

2. 创新设计

创新设计是指在设计领域中，提出的新的设计理念、新的设计理论或设计方法，从而得到具有新颖性、独特性和实用性的产品。

3. 创造性思维与创造能力的培养

1）创造性思维是一种具有开创意义的思维活动，即开拓认识新领域、开创认识新成果的思维活动。创造性思维是以感知、记忆、思考、联想、理解等能力为基础，具有综合性、探索性和求新性特征的高级心理活动，需要人们付出辛苦的脑力劳动。一项创造性思维成果往往要经过长期的探索、刻苦的钻研、甚至多次的挫折方能取得，而创造性思维能力也要经过长期的知识积累、素质磨砺才能具备，至于创造性思维的培养过程，则离不开推理、想象、联想、直觉等思维活动。

2）创造能力是人类特有的一种综合性本领。创造能力是指产生新思想、发现和创造新事物的能力，由知识、智力、能力及优良品格等多因素综合优化而成。

一般意义上讲，很多人认为创新是一项高技术含量的工作，必须获得国内或世界级别的发明专利才称得上是创新。但事实上，创新并没有那么高不可攀。下面介绍三个创新的案例。

案例一：学生的发明——充气雨衣（吹气衣）。

普通的雨衣穿起来下摆总爱贴在裤腿上，雨水就会流到裤腿上和雨靴里，这大概是人们不爱使用雨衣的原因之一。充气雨衣在普通雨衣的下摆边添加一条可充气的、寻常粗细的塑料管子。使用时在管子中吹气，雨衣下摆就被撑起，避免雨水流进裤腿和雨靴里。

案例二：薯条加工机的设计。

1）常规设计：设计思路为清洗→削皮→切条。

按照常规设计方法需要设计清洗、削皮、切条三套设备，由于番薯形状和大小差异很大，控制削皮的厚度较难，导致浪费严重，生产率也低。

2）现代设计：在设计思路没有改变的情况下，通过计算机仿真、优化设计等，可减少削皮的损失、提高生产率，但仍然不理想。

3）创新设计：设计思路为清洗→粉碎→过滤去皮→挤压成型→油炸成产品，对应每一过程中的加工设备均使用特定设备，如图0-1所示。

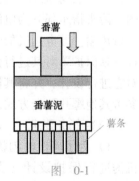

图 0-1

案例三：椰肉加工机的设计。

1）常规设计：设计思路为椰子剥开→旋转→刀具切削，如图0-2所示。

2）现代设计：在设计思路没有改变的情况下，通过计算机仿真、优化设计等，可减少椰肉的损失、提高生产率，但结果仍然不理想。

3）创新设计：注入溶剂，使椰肉溶为椰汁，如图0-3所示。创造性思维改变了产品的加工方法，由物理加工方式变为化学加工方式。

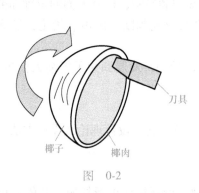

刀具
椰子   椰肉

图　0-2

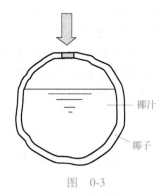

椰汁

椰子

图　0-3

综上，常规设计是一切方法的基础；现代设计是在常规设计的基础上，提高设计效率、产品可靠性和质量的设计；创新设计的要素是强调创造性的设计思维，其成果具有巨大效益。

四、本课程主要内容及要求

本课程主要面向机械类专业学生，在掌握机械、电子等方面的专业基础知识后，通过三维造型设计软件来创建实物的 CAD 模型（曲面模型），并进一步用 CAD/CAE/CAM 软件实现分析、再设计、加工的过程。其中主要包括：①三维设计软件（Solidworks）的建模、设计、装配、仿真；②通过增材制造技术（3D 打印技术）加工实现的过程。

在学习过程中，需要学生掌握机械设计的方法，包括正向设计（常规设计、现代设计、创新设计）及反向设计（反求设计），使学生能够真正实现从 0 到 1 的设计过程。

五、设计创新实例

（1）任务名称　电刨机带轮保护罩的设计

（2）任务说明　图 0-4 所示为一款电刨机示意图，图中箭头指示部分为电刨机动力传动部分，使用带传动进行传输。原电刨机的带轮机构是裸露在外的，现需设计一款保护罩对其进行保护，请通过所学专业知识技能对它进行设计，并将其固定。注意孔位配合，螺孔位请参考其他螺孔配合方式，采用螺钉 M4×20 进行固定。

（3）任务要求

1）为了确保电刨机的安全性，需要对凸出的带轮机构进行保护设计（类似盖、罩等），具体方案自行

图　0-4

设计。

　　2）画出保护罩的零件工程图。

　　3）通过两个不同的视角对电刨机进行展示，生成一张高清的渲染图。要求为 JPG 格式文件，分辨率为 1920×1280 像素。

　　（4）资料提交要求

　　1）保护罩零件工程图（PDF 格式）。

　　2）总装配渲染图（JPG 格式）分辨率为 1920×1280。

项目一

常见机构虚拟装配实例

项目描述

本项目学习六杆压力机构、90°均匀无齿传动机构、齿轮传动机构、杠杆螺杆机构等常见机构的虚拟装配及其工作原理。

项目目标

1) 掌握使用 SolidWorks 完成各机械机构的虚拟装配。
2) 掌握 SolidWorks 进行零部件插入的方法。
3) 掌握 SolidWorks 虚拟装配的约束方法及技巧。

项目重点

1) SolidWorks 装配的约束方法——宽度约束。
2) 零件之间的装配关系。
3) 驱动运动使用方法。
4) 约束方法及技巧。

任务一 六杆压力机构的虚拟装配

任务目标

1) 掌握 SolidWorks 软件的启动与退出，文档的创建、打开、保存与关闭等基本操作。
2) 掌握 SolidWorks 六杆压力机制的虚拟装配功能以及约束方法。

任务实施

根据图 1-1 所示零件清单完成六杆压力机制的虚拟装配，使用 SolidWorks 新建装配文件与插入零部件，步骤如下。

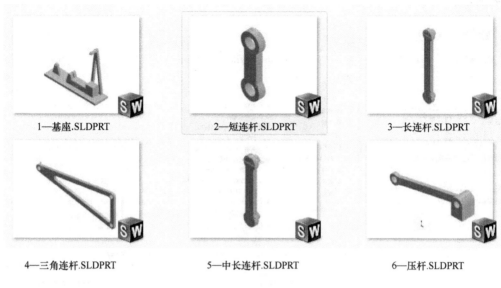

1—基座.SLDPRT　　　　2—短连杆.SLDPRT　　　　3—长连杆.SLDPRT

4—三角连杆.SLDPRT　　　　5—中长连杆.SLDPRT　　　　6—压杆.SLDPRT

图　1-1

1. 新建 SolidWorks 装配文件

执行【新建】→【装配体】→【assem】，新建装配模块，如图 1-2 所示。

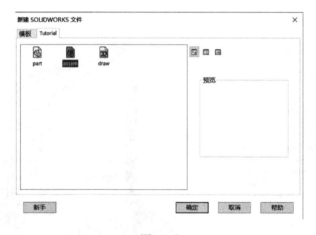

图　1-2

2. 在 SolidWorks 装配模块中插入零部件

1）单击插入零部件的图标，打开选项卡，如图 1-3 所示。

2）单击【浏览】，选择需要插入的零部件，再单击【打开】，如图 1-4 所示。

3）新建装配体，插入零部件，如图 1-5 所示。

3. 添加各零部件之间的约束关系

1）添加短连杆和基座、长连杆与短连杆的同轴心配合、重合配合，如图 1-6 所示。

2）添加三角连杆和基座、三角连杆和长连杆的同轴心配合、重合配合，如图 1-7 所示。

3）添加三角连杆和中长连杆、压杆和基座的同轴心配合、重合配合。装配完成，如图1-8所示。

图　1-3

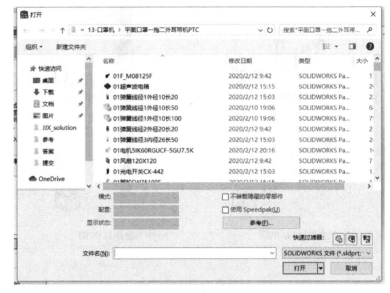

图　1-4

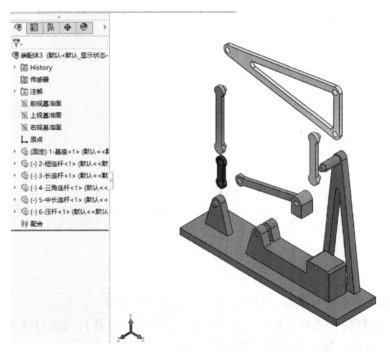

图　1-5

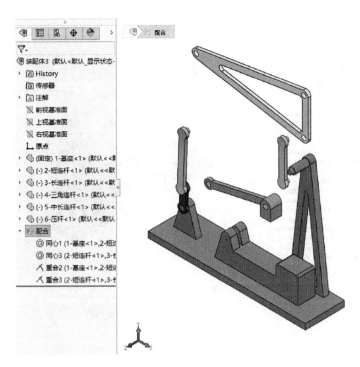

图 1-6

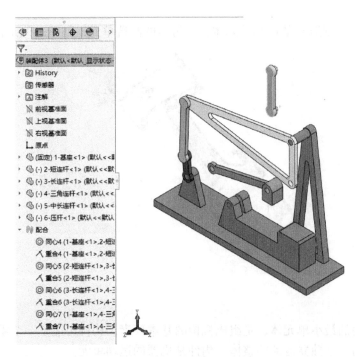

图 1-7

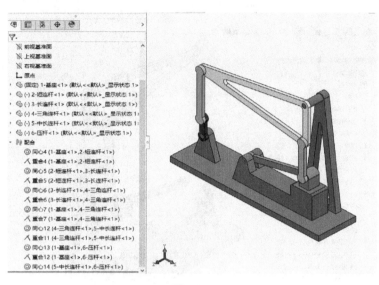

图 1-8

 知识链接

一、机械概述

1. 零件

零件是机器加工（制造）的最小单元体，是机器的制造单元，如图1-9所示。

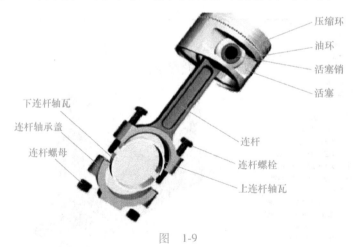

图 1-9

2. 构件

构件是机构运动的最小单元体，是组成机构的基本要素。构件可能是一个零件，也可能是由若干零件组成的一个独立运动的整体。构件是机器的运动单元。

3. 机构

机构是用来传递运动和力的，它是以一个构件为机架，用构件间能够相对运动的连接方式组成的构件系统。一般为了传递运动和力，机构各构件间应具有确定的相对运动。

4. 机器

机器是由若干机构组成的用来变换或传递能量、物料和信息的装置。

（1）机器的组成　机器一般包括四个基本组成部分：动力部分、传动部分、控制部分、执行部分。此外还包括一些辅助部分，如冷却系统、润滑系统等。

（2）机构与机器的区别　机构只有一个构件系统，而机器除构件系统之外还包含电气、液压等其他装置；机构只用于传递运动（或改变运动形式）和力，而机器除传递运动和力之外，还具有变换或传递能量、物料、信息的功能。

5. 机械

机械是机器和机构的总称。

零件、构件、机构、机器和机械之间的关系如图1-10所示。

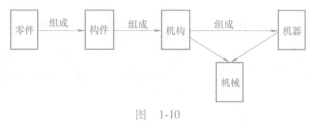

图　1-10

二、四杆连杆机构

1. 运动副

使两构件直接接触而彼此又有一定的相对运动的连接称为运动副。根据组成运动副的两构件之间的接触特性，运动副可分为低副和高副。

（1）低副　两构件之间通过面接触形成的运动副。根据它们之间相对运动的类型又可分为转动副和移动副。

1）转动副：组成运动副的两构件只能绕某一轴线做相对转动。

2）移动副：组成运动副的两构件只能沿某一轴线做相对直线移动。

（2）高副　两构件之间通过点或线接触组成的运动副。

2. 平面连杆机构

所有运动副均为转动副的四杆机构称为铰链四杆机构，它是平面四杆机构的基本形式，其他四杆机构都可以看成是在它的基础上演化而来的。选定其中一个构件作为机架之后，直接与机架连接的构件称为连架杆，不直接与机架连接的构件称为连杆，能够做整周回转的构件称为曲柄，只能在某一角度范围内往复摆动的构件称为摇杆。如果以转动副连接的两个构件可以做整周相对转动，则称之为整转副，否则称之为摆转副。

（1）铰链四杆机构的组成　铰链四杆机构是将四个构件以四个转动副（铰链）连接而成的平面机构，如图1-11所示。

1）机架：机构的固定构件。

2）连杆：不直接与机架连接的构件。

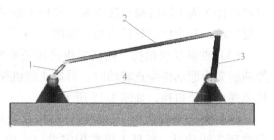

图　1-11

1，3—连架杆　2—连杆　4—机架

3）连架杆：与机架用转动副相连接的构件。

（2）铰链四杆机构的分类　铰链四杆机构按照连架杆是否可做整周转动，可分为曲柄摇杆机构、双曲柄机构和双摇杆机构，如图 1-12 所示。

1）曲柄摇杆机构：两连架杆中一个为曲柄一个为摇杆的铰链四杆机构。

2）双曲柄机构：具有两个曲柄的铰链四杆机构。

3）双摇杆机构：两连架杆均为摇杆的铰链四杆机构。

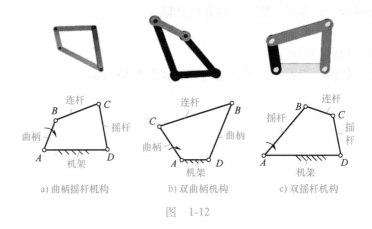

a）曲柄摇杆机构　　　　b）双曲柄机构　　　　c）双摇杆机构

图　1-12

（3）曲柄存在的条件

1）最短杆与最长杆的长度之和小于或等于其他两杆长度之和。

2）连架杆和机架中必有一杆是最短杆。

（4）铰链四杆机构基本类型的判别方法

1）曲柄摇杆机构：连架杆之一为最短杆。

2）双曲柄机构：机架为最短杆。

3）双摇杆机构：连杆为最短杆。

4）当最长杆与最短杆长度之和大于其余两杆长度之和时，无论取哪一杆件为机架，机构均为双摇杆机构。

3. 滑块四杆机构

（1）曲柄滑块机构　曲柄摇杆机构的摇杆长度增加到无穷长时，摇杆上的点的摆动变为往复移动，回转副演化为移动副，成为曲柄滑块机构，如图 1-13 所示。

（2）曲柄导杆机构　曲柄导杆机构是取曲柄滑块机构的原连架杆 2 为机架得到的。当以原连杆 3 为主动件绕点转动时，导杆 1 做整周运动，该机构称为转动导杆机构；导杆 1 做往复摆动，称为摆动导杆机构，如图 1-14 所示。

（3）曲柄摇块机构　曲柄摇块机构是取曲柄滑块机构中的原连杆 3 为机架得到的。当原曲柄 2 为原动件绕点转动时，滑块 4 绕机架 3 上的铰链中心摆动，该机构称为曲柄摇块机构或摆动滑块机构，如图 1-15 所示。

（4）移动导杆机构　移动导杆机构是取曲柄滑块机构中的原滑块 4 为机架得到的。当原曲柄 2 转动时，导杆 1 可在固定滑块 4 中往复移动，该机构称为移动导杆机构或定块机构，如图 1-16 所示。

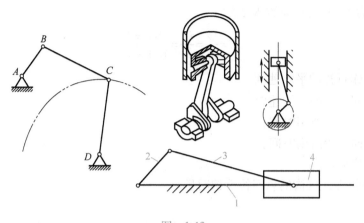

图　1-13

1—导杆　2—连架杆　3—连杆　4—滑块

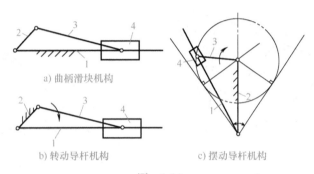

a) 曲柄滑块机构

b) 转动导杆机构　　　　c) 摆动导杆机构

图　1-14

1—导杆　2—连架杆　3—连杆　4—滑块

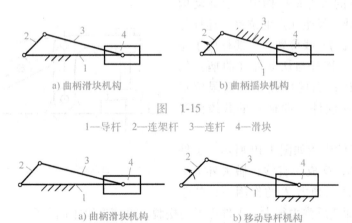

a) 曲柄滑块机构　　　　　　b) 曲柄摇块机构

图　1-15

1—导杆　2—连架杆　3—连杆　4—滑块

a) 曲柄滑块机构　　　　　　b) 移动导杆机构

图　1-16

1—导杆　2—连架杆　3—连杆　4—滑块

4. 急回特性

急回特性是指空回行程时的平均速度大于工作行程时的平均速度，如图 1-17 所示。机构的急回特性可用行程速比系数 K 表示：

$$K = \frac{\bar{v}_2}{\bar{v}_1} = \frac{t_1}{t_2} = \frac{180°+\theta}{180°-\theta}$$

式中　$\bar{v}_1$——工作行程的平均速度；

　　　$\bar{v}_2$——返回行程的平均速度；

　　　t_1——工作行程所用时间；

　　　t_2——返回行程所用时间；

　　　θ——极位夹角。

极位夹角 θ 越大，机构的急回特性越明显。

5. 死点位置

当从动件上的传动角等于零时，驱动力对从动件的有效回转力矩为零，这个位置称为机构的死点位置，即机构中从动件与连杆共线的位置，如图 1-18 所示。

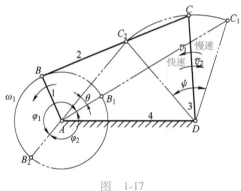

图　1-17

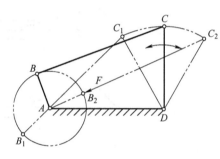

图　1-18

1）发生死点的条件是机构中往复运动构件主动，曲柄从动；发生死点的位置为连杆与曲柄的平面连杆机构共线位置。当摇杆处于左极限位置 C_1D 时，连杆与从动件（曲柄）的共线位置为 C_1AB_1；当摇杆处于右极限位置 C_2D 时，连杆与从动件（曲柄）的共线位置为 C_2B_2A。

2）死点位置的应用如图 1-19 所示。工件夹紧后，点 B、C、D 成一直线，撤去外力 F之后，机构在工件反弹力 T 的作用下，处于死点位置。这样即使反弹力很大，工件也不会松脱，可使夹紧牢固可靠。

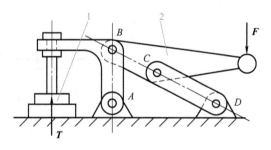

图　1-19

1—压板（夹紧工件）　2—压把（压紧手柄）

🔍 课堂讨论

1）说一说虚拟装配的操作步骤、装配技巧及注意事项。

2）六连杆压力机构可运用于日常生活中哪些产品？

任务二　90°均匀无齿传动机构的虚拟装配

任务目标

1）掌握 SolidWorks 软件的启动与退出，文档的创建、打开、保存与关闭等基本操作。

2）掌握 SolidWorks 装配体的虚拟装配功能以及约束方法。

任务实施

根据图 1-20 所示零件清单完成 90°均匀无齿传动机构的虚拟装配，使用 SolidWorks 新建装配文件与插入零部件，步骤如下。

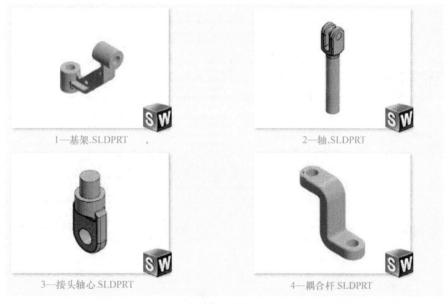

1—基架.SLDPRT　　　　　　　　2—轴.SLDPRT

3—接头轴心.SLDPRT　　　　　　4—耦合杆.SLDPRT

图　1-20

1. 新建 SolidWorks 装配文件

执行【新建】→【装配体】→【assem】，新建装配模块，如图 1-21 所示。

2. 在 SolidWorks 装配模块中插入零部件

1）单击插入零部件的图标，打开选项卡，如图 1-22 所示。

2）单击【浏览】，选择需要插入的零部件，再单击【打开】，如图 1-23 所示。

3）新建装配体，插入零部件，如图 1-24 所示。

3. 添加各零部件之间的约束关系

1）添加轴与基架、轴与接头轴心的同轴心配合、重合配合，如图 1-25 所示。

2）添加耦合杆和接头轴心的同轴心配合、重合配合（注意方向）。装配完成，如图 1-26 所示。

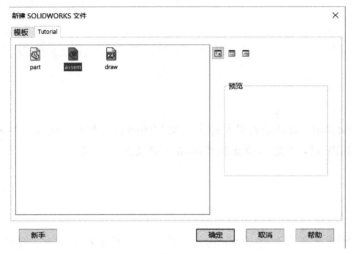

图　1-21

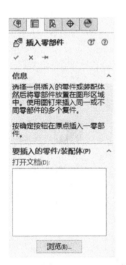

图　1-22

图　1-23

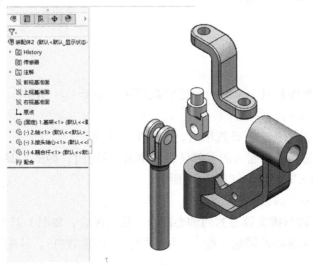

图　1-24

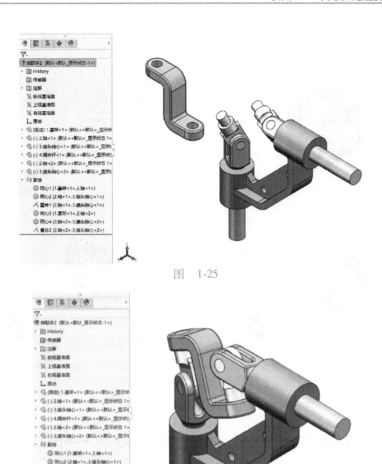

图　1-25

图　1-26

任务三　齿轮传动机构的虚拟装配

任务目标

1）掌握 SolidWorks 软件的启动与退出，文档的创建、打开、保存与关闭等基本操作。

2）掌握 SolidWorks 装配体的虚拟装配功能以及约束方法。

任务实施

根据图 1-27 所示零件清单完成齿轮传动机构的虚拟装配，使用 SolidWorks 新建装配文件与插入零部件，步骤如下。

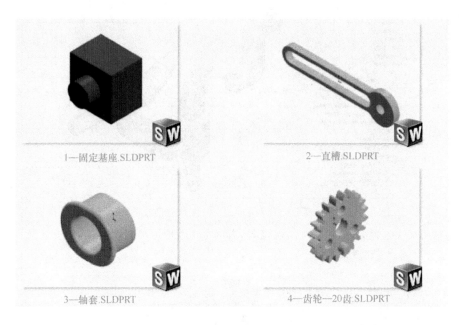

1—固定基座.SLDPRT   2—直槽.SLDPRT

3—轴套.SLDPRT   4—齿轮—20齿.SLDPRT

图　1-27

1. 新建 SolidWorks 装配文件

执行【新建】→【装配体】→【assem】，新建装配模块，如图 1-28 所示。

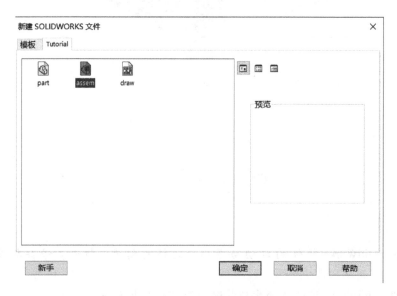

图　1-28

2. 在 SolidWorks 装配模块中插入零部件

1）单击插入零部件的图标，打开选项卡，如图 1-29 所示。

2）单击【浏览】，选择需要插入的零部件，再单击【打开】，如图 1-30 所示。

3）新建装配体，插入零部件，如图 1-31 所示。

图 1-29

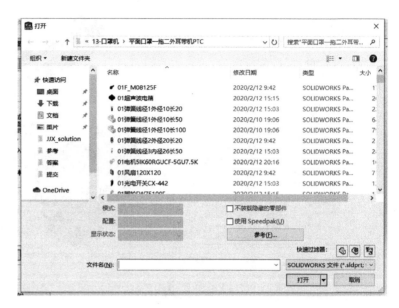

图 1-30

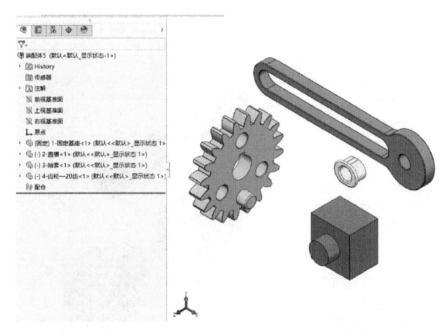

图 1-31

3. 添加各零部件之间的约束关系

1）添加两个固定基座与齿轮的同轴心配合、重合配合，如图 1-32 所示。

2）添加两个固定基座之间的重合配合，如图 1-33 所示。

3）添加直槽、轴套和齿轮之间的同轴心配合、重合配合，如图 1-34 所示。

图 1-32

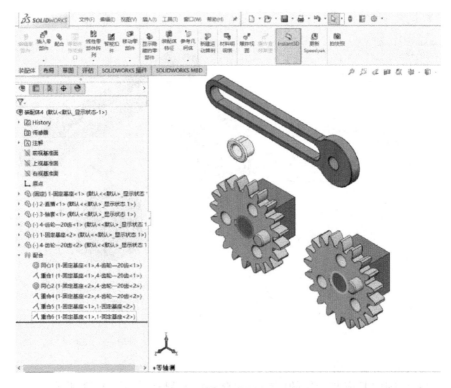

图 1-33

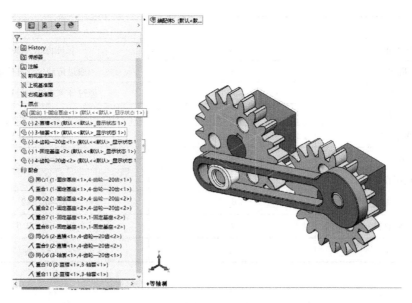

图　1-34

一、齿轮传动概述

齿轮传动是利用齿轮副来传递运动或动力的传动方式，是现代设备中应用最广泛的一种机械传动方式。齿轮传动比较准确，效率高，结构紧凑，齿轮工作可靠性好且寿命长。

二、齿轮传动的常用类型

齿轮传动的常用类型见表1-1。

表　1-1

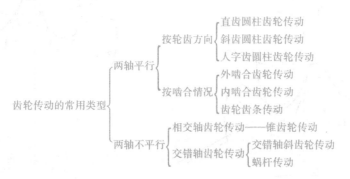

三、外啮合标准直齿圆柱齿轮的几何尺寸计算

外啮合标准直齿圆柱齿轮的几何尺寸计算见表1-2。

表　1-2

名称	代号	计算
压力角	α	标准齿轮为20°
齿数	z	通过传动比计算确定
模数	m	通过计算或结构设计确定
齿厚	s	$s = p/2 = \pi m/2$
齿槽宽	e	$e = p/2 = \pi m/2$
齿距	p	$p = \pi m$
分度圆直径	d	$d = mz$
齿顶圆直径	d_a	$d_a = m(z+2)$
齿根圆直径	d_f	$d_f = m(z-2.5)$
齿数比	u	$u = z_1/z_2$

四、渐开线直齿圆柱齿轮传动的正确啮合条件和连续传动条件

1. 正确啮合条件

渐开线直齿圆柱齿轮的正确啮合条件为模数相等，分度圆上的齿形角相等，啮合情况如图 1-35 所示。

2. 连续传动条件

渐开线直齿圆柱齿轮连续传动条件为前一对轮齿尚未结束啮合，后一对轮齿已进入啮合状态，如图 1-36 所示。

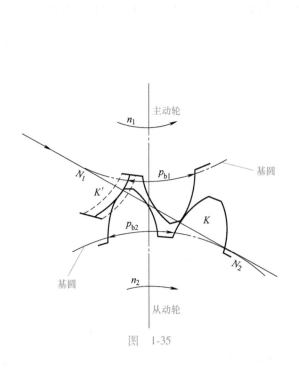

图　1-35

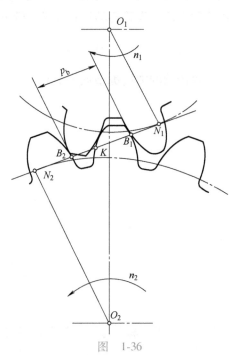

图　1-36

五、齿条传动

齿轮的齿数增加到无穷多时，其圆心位于无穷远处，齿轮上的基圆、分度圆、齿顶圆等各圆成为基线、分度线、齿顶线等互相平行的直线，渐开线齿廓也变成直线齿廓，齿轮即演化为齿条，如图 1-37 所示。齿条传动的计算公式为

$$v = n_1 \pi d_1 = n_1 \pi m z_1$$
$$L = \pi d_1 = \pi m z_1$$

式中　　v——齿条的移动速度，单位为 mm/min；

　　　　n_1——齿轮的转速，单位为 r/min；

　　　　d_1——齿轮分度圆直径，单位为 mm；

　　　　m——齿轮的模数，单位为 mm；

　　　　z_1——齿轮的齿数；

　　　　L——齿轮每回转一周齿条的移动距离。

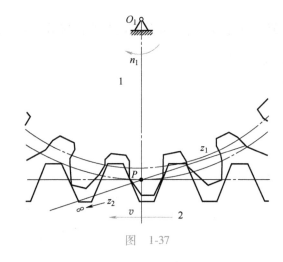

图　1-37

任务四　杠杆螺杆机构的虚拟装配

任务目标

1）掌握 SolidWorks 软件的启动与退出，文档的创建、打开、保存与关闭等基本操作。

2）掌握 SolidWorks 装配体的虚拟装配功能以及约束方法。

任务实施

根据图 1-38 所示零件清单完成杠杆螺杆机构的虚拟装配，使用 SolidWorks 新建装配文件与插入零部件，步骤如下。

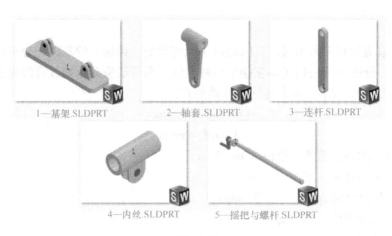

1—基架.SLDPRT   2—轴套.SLDPRT   3—连杆.SLDPRT

4—内丝.SLDPRT   5—摇把与螺杆.SLDPRT

图　1-38

1. 新建 SolidWorks 装配文件

执行【新建】→【装配体】→【assem】，新建装配模块，如图 1-39 所示。

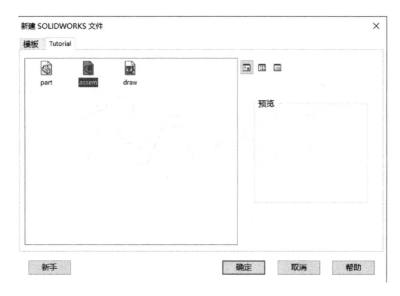

图　1-39

2. 在 SolidWorks 装配模块中，插入零部件

1）单击插入零部件的图标，打开选项卡，如图 1-40 所示。

2）单击【浏览】，选择需要插入的零部件，再单击【打开】，如图 1-41 所示。

3）新建装配体，插入零部件，如图 1-42 所示。

3. 添加各零部件之间的约束关系

1）添加轴套与摇把和螺杆、基架与轴套、基架与连杆、连杆与内丝、内丝与摇把和螺杆的同轴心配合、重合配合，如图 1-43 所示。

2）添加机械配合中的螺旋配合。装配完成，如图 1-44 所示。

图 1-40   图 1-41

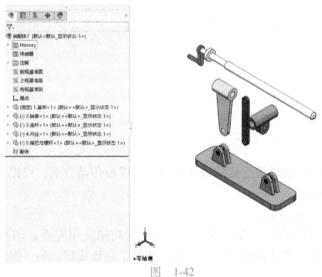

图 1-42

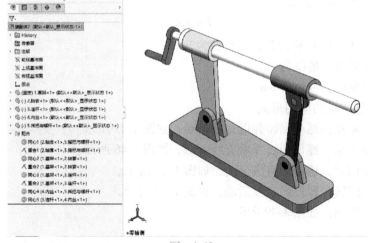

图 1-43

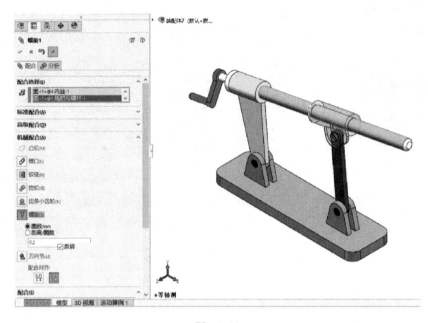

图 1-44

一、螺旋传动概述

螺旋传动是利用螺旋副来传递运动或动力的一种机械传动方式，可以把主动件的回转运动变为从动件的直线运动。

1. 螺旋传动的计算及应用

（1）直线运动方向的判定　右旋螺纹用右手，左旋螺纹用左手，四指顺着旋转方向弯曲，大拇指的指向即是旋转件的移动方向。若旋转件是原地旋转，另一螺纹件直线移动，则方向与大拇指指向相反。

（2）直线移动距离的计算

$$L = NP_h$$

式中　L——螺杆（螺母）移动距离，单位为 mm；

　　N——回转周数，单位为 r；

　　P_h——螺纹导程，单位为 mm。

（3）普通螺旋传动的应用形式

1）螺母固定不动，螺杆回转并做直线运动，如图 1-45 所示。

2）螺杆固定不动，螺母回转并做直线运动，如图 1-46 所示。

3）螺杆原地回转，螺母做直线运动，如图 1-47 所示。

4）螺母原地回转，螺杆做直线运动，如图 1-48 所示。

5）滚珠螺旋传动，如图 1-49 所示。

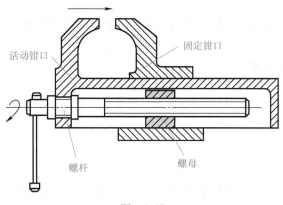

图 1-45

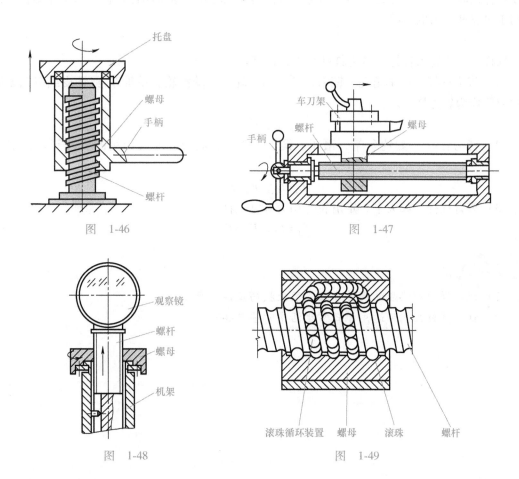

图 1-46

图 1-47

图 1-48

图 1-49

二、杠杆原理

杠杆应具备支点、施力点和受力点，杠杆的支点不一定在中间位置。支点到动力作用线的距离称为动力臂，支点到阻力作用线的距离称为阻力臂。在使用杠杆时，如果想省力，则应使用动力臂比阻力臂长的杠杆；如果想节省距离，则应使用动力臂比阻力臂短的杠杆。因此，使用杠杆可以实现省力或省距离。没有任何一种杠杆既省力又省距离。

1. 杠杆平衡

杠杆平衡是指杠杆在动力和阻力作用下处于静止状态或者匀速转动的状态。杠杆平衡时的受力有两种情况：

（1）杠杆上只有两个力

$$F_1L_1 = F_2L_2$$

式中 F_1——动力；

　　F_2——阻力；

　　L_1——动力臂；

　　L_2——阻力臂。

（2）杠杆上有多个力　所有使杠杆顺时针转动的力的大小与其对应力臂的乘积之和等于使杠杆逆时针转动的力的大小与其对应力臂的乘积之和。这也叫作杠杆的顺逆原则，同样适用于只有两个力的情况。

2. 杠杆分类

杠杆可分为省力杠杆、费力杠杆和等臂杠杆。

（1）省力杠杆　如羊角锤、铡刀、开瓶器、轧刀、动滑轮、手推车 剪铁皮或剪钢筋用的剪刀等均为省力杠杆。

$$L_1 > L_2, \quad F_1 < F_2$$

（2）费力杠杆　如钓鱼竿、镊子、筷子、船桨、裁缝或理发师用的剪刀等均为费力杠杆。

$$L_1 < L_2, \quad F_1 > F_2$$

（3）等臂杠杆　如天平、定滑轮等均为等臂杠杆。

$$L_1 = L_2, \quad F_1 = F_2$$

课堂讨论

1）说一说虚拟装配的操作步骤、装配技巧及注意事项。

2）杠杆螺杆机构可运用于日常生活中哪些产品？

项目二

典型机构建模与装配实例

项目描述

本项目着重介绍扭转机构和手动推拉式夹钳两种典型机构的建模思路以及建模与装配的操作技巧，根据零部件图样，运用 SolidWorks 等三维软件进行零部件建模并虚拟装配。

项目目标

1) 掌握零部件工程图的识图。
2) 掌握 SolidWorks 对零部件进行三维建模。
3) 熟练使用 SolidWorks 完成各传动机构的虚拟装配。
4) 掌握 SolidWorks 建模方法和装配技巧。

项目重点

1) 使用 SolidWorks 对零部件进行三维建模。
2) SolidWorks 的建模方法和装配技巧。

任务一　扭转机构的建模与装配

任务目标

1) 掌握 SolidWorks 对扭转机构部件进行虚拟装配的操作要点。
2) 学会使用 SolidWorks 对扭转机构零部件进行三维建模。

任务实施

根据装配图（图 2-1）完成扭转机构的三维建模、虚拟装配及简单动画制作。

一、SolidWorks 零件建模

1. 基座的建模

基座的零件图如图 2-2 所示。

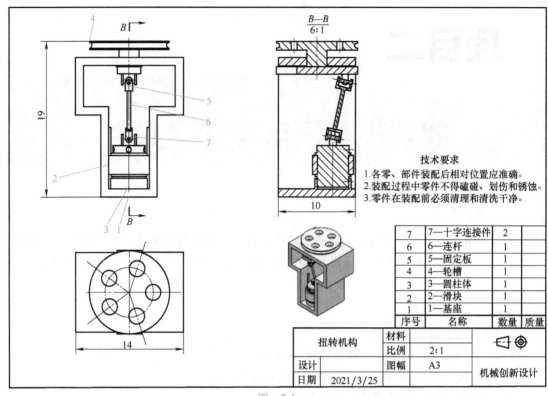

技术要求
1.各零、部件装配后相对位置应准确。
2.装配过程中零件不得磕碰、划伤和锈蚀。
3.零件在装配前必须清理和清洗干净。

7	7—十字连接件	2	
6	6—连杆	1	
5	5—固定板	1	
4	4—轮槽	1	
3	3—圆柱体	1	
2	2—滑块	1	
1	1—基座	1	
序号	名称	数量	质量

扭转机构	材料		
	比例	2:1	
设计		图幅	A3
日期	2021/3/25		机械创新设计

图 2-1

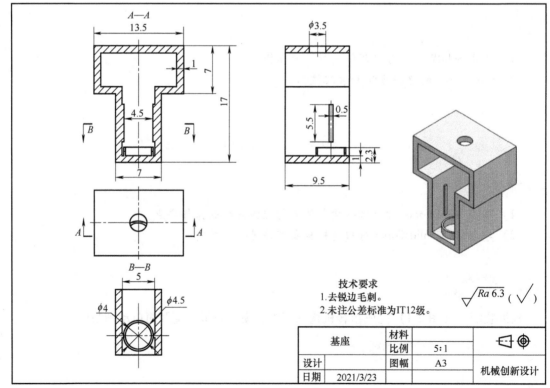

技术要求
1.去锐边毛刺。
2.未注公差标准为IT12级。

$\sqrt{Ra\ 6.3}$ ($\sqrt{}$)

基座	材料		
	比例	5:1	
设计		图幅	A3
日期	2021/3/23		机械创新设计

图 2-2

1）执行【新建】→【零件】，新建零件模块，如图 2-3 所示。

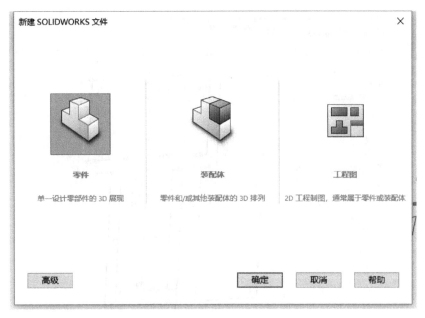

图　2-3

2）选择前视基准面，进入草图绘制，如图 2-4 所示。

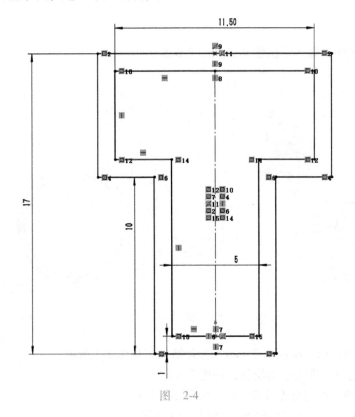

图　2-4

3）凸台-拉伸，两侧对称 9.50mm，如图 2-5 所示。

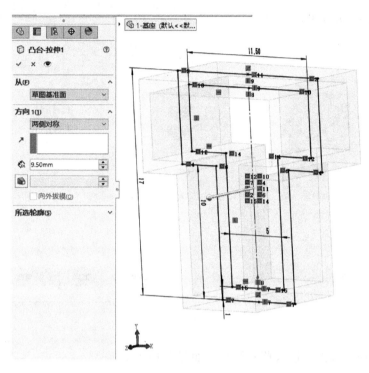

图　2-5

4）选择蓝色面，进入草图绘制，如图 2-6 所示。

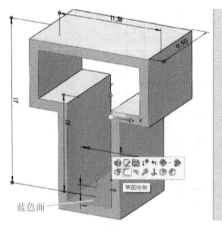

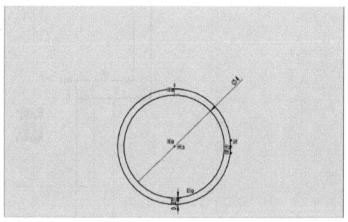

图　2-6

5）凸台-拉伸，给定深度 1.25mm，合并结果，如图 2-7 所示。

6）选择蓝色面，进入草图绘制，如图 2-8 所示。

7）切除-拉伸，给定深度 3.50mm，如图 2-9 所示。

8）选择蓝色面，进入草图绘制，如图 2-10 所示。

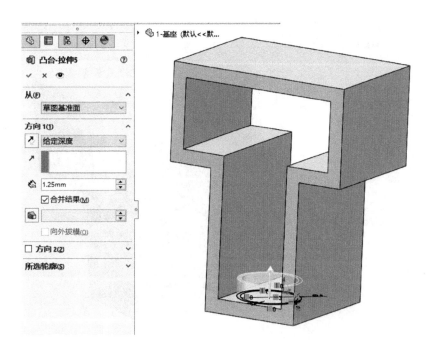

图　2-7

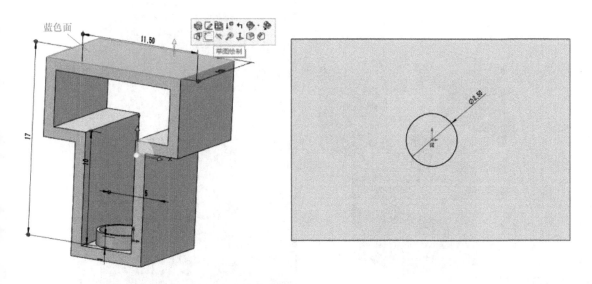

图　2-8

9）凸台-拉伸，给定深度 0.25mm，合并结果，如图 2-11 所示。

10）镜像，完成建模，如图 2-12 所示。

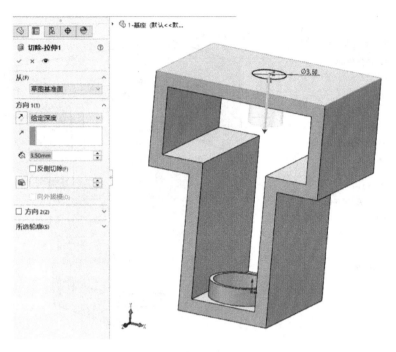

图　2-9

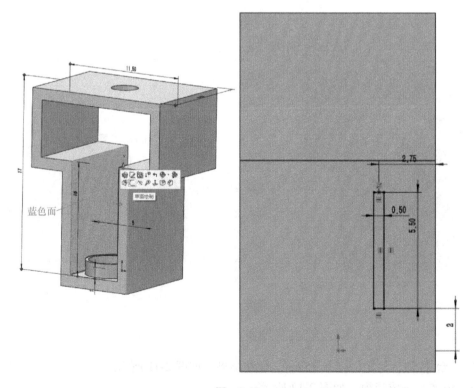

图　2-10

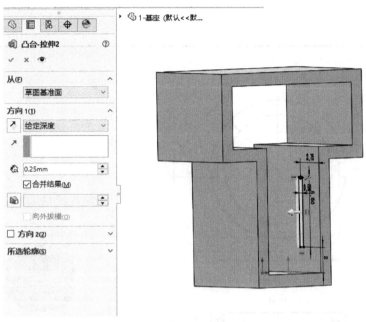

图 2-11

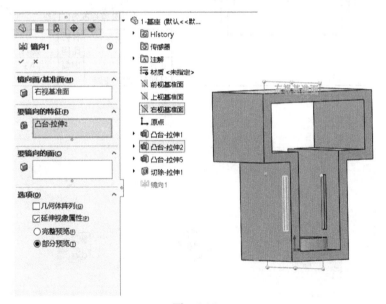

图 2-12

2. 滑块的建模

滑块的零件图如图 2-13 所示。

1）执行【新建】→【零件】，新建零件模块，如图 2-14 所示。

2）选择前视基准面，进入草图绘制，如图 2-15 所示。

3）拉伸-薄壁，给定深度 2.30mm，单向，厚度 0.50mm，如图 2-16 所示。

4）选择上视基准面，进入草图绘制，如图 2-17 所示。

5）切除-拉伸，完全贯穿，完成建模，如图 2-18 所示。

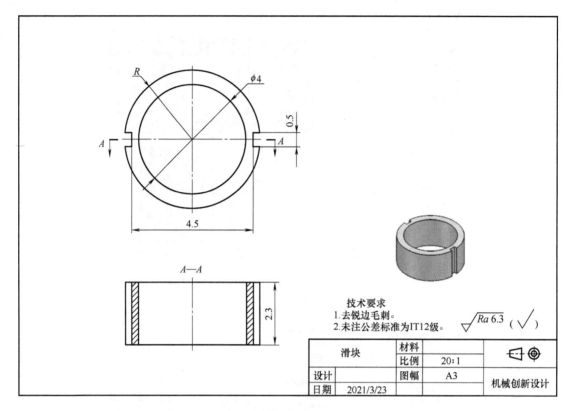

技术要求
1.去锐边毛刺。
2.未注公差标准为IT12级。

$\sqrt{Ra\,6.3}$ ($\sqrt{}$)

滑块	材料		⫷ ⊕
	比例	20:1	
设计		图幅	A3	机械创新设计
日期	2021/3/23		

图　2-13

图　2-14

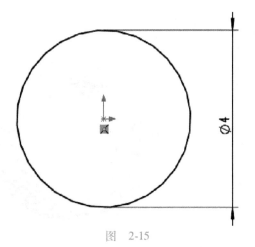

图　2-15

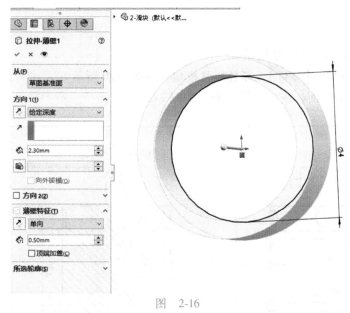

图　2-16

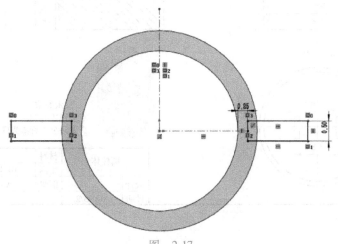

图　2-17

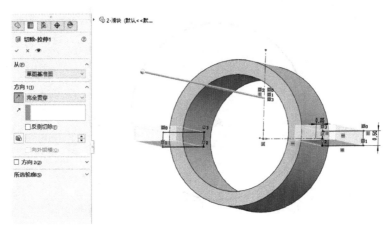

图　2-18

3. 圆柱体的建模

圆柱体的零件图如图 2-19 所示。

1）执行【新建】→【零件】，新建零件模块，如图 2-20 所示。

2）选择前视基准面，进入草图绘制，如图 2-21 所示。

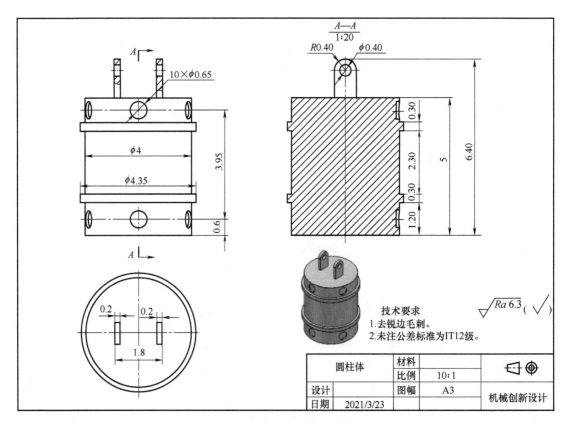

圆柱体	材料		
	比例	10:1	
设计	图幅	A3	机械创新设计
日期	2021/3/23		

图　2-19

图　2-20

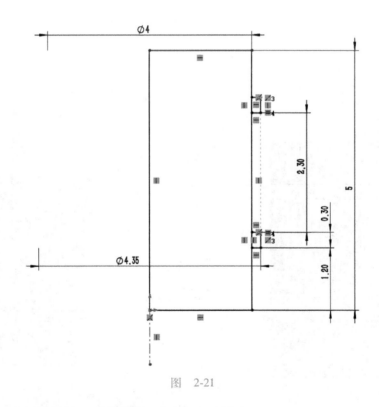

图　2-21

3）旋转，选择旋转轴，选择轮廓，如图 2-22 所示。

4）选择右视基准面，进入草图绘制，如图 2-23 所示。

5）凸台-拉伸，两侧对称 1.80mm，合并结果，如图 2-24 所示。

6）切除-拉伸，两侧对称 1.40mm，选择轮廓，如图 2-25 所示。

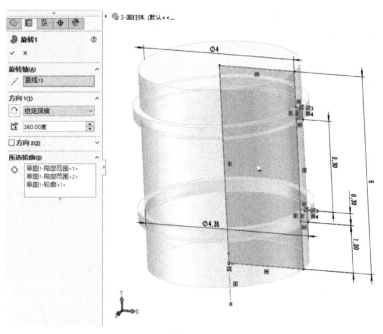

图 2-22

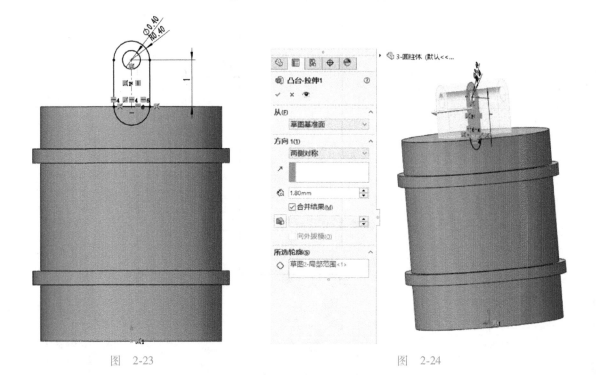

图 2-23   图 2-24

7）选择前视基准面，进入草图绘制，如图 2-26 所示。

8）切除-拉伸，等距 1.90mm，给定深度 1.40mm，如图 2-27 所示。

9）阵列（圆周），实例数为 5，等间距，选择需要阵列的特征，完成建模，如图 2-28 所示。

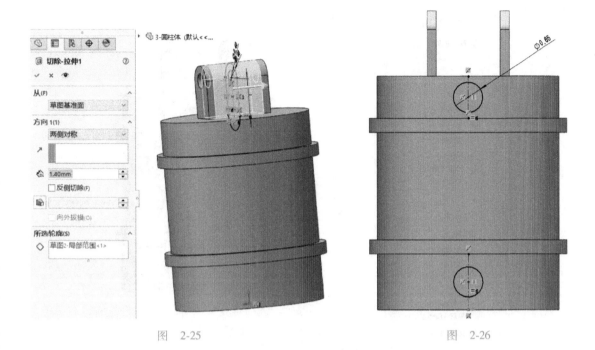

图　2-25

图　2-26

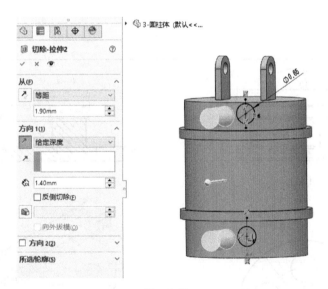

图　2-27

4. 轮槽的建模

轮槽的零件图如图 2-29 所示。

1）执行【新建】→【零件】，新建零件模块，如图 2-30 所示。

2）选择前视基准面，进入草图绘制，如图 2-31 所示。

3）旋转，选择旋转轴，选择轮廓，如图 2-32 所示。

4）选择上视基准面，进入草图绘制，如图 2-33 所示。

5）切除-拉伸，完全贯穿，如图 2-34 所示。

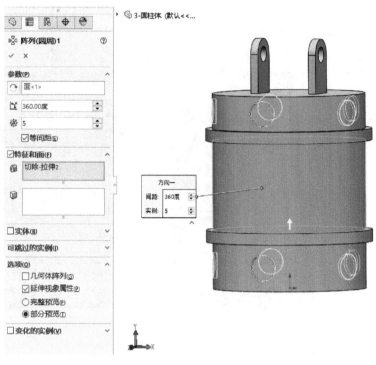

图 2-28

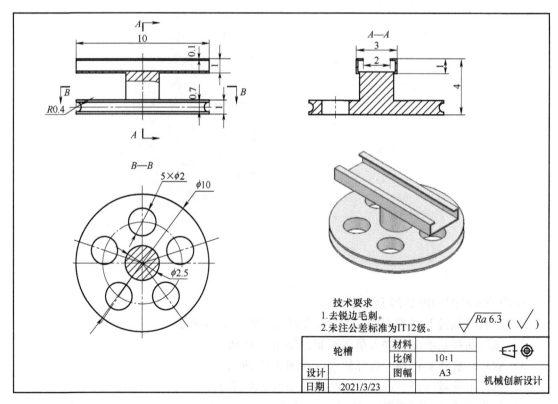

图 2-29

图　2-30

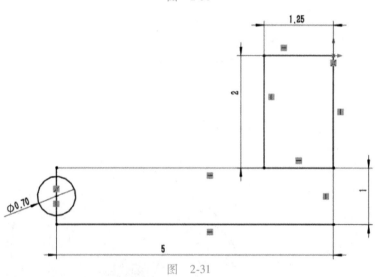

图　2-31

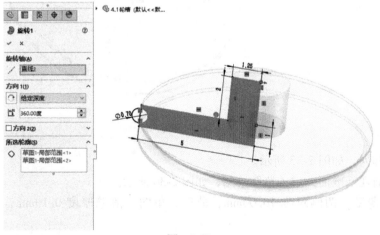

图　2-32

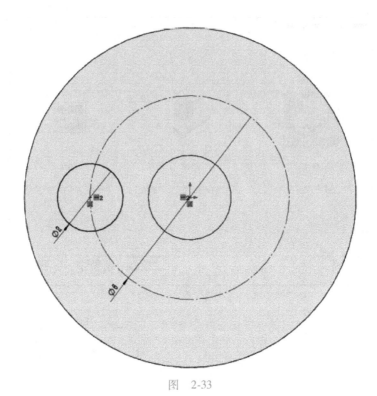

图 2-33

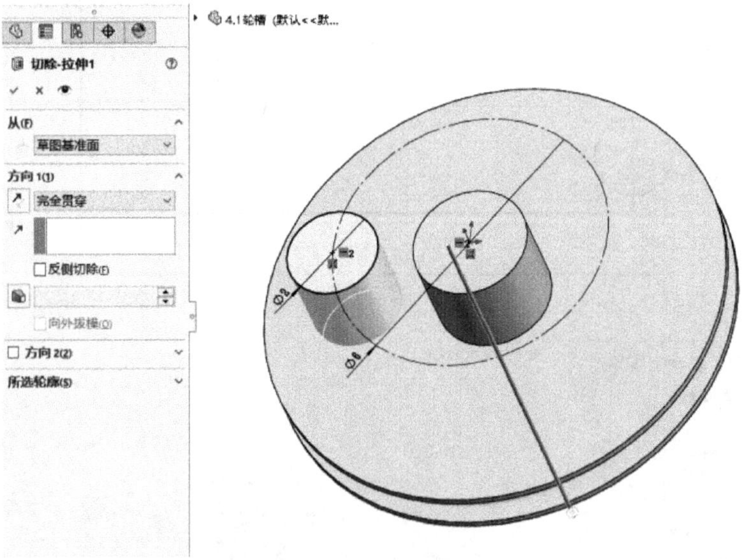

图 2-34

6）圆周阵列，如图 2-35 所示。

7）选择前视基准面，进入草图绘制，如图 2-36 所示。

8）拉伸-薄壁，两侧对称 10.00mm，薄壁，单向，薄壁厚度 0.10mm，完成建模，如图 2-37 所示。

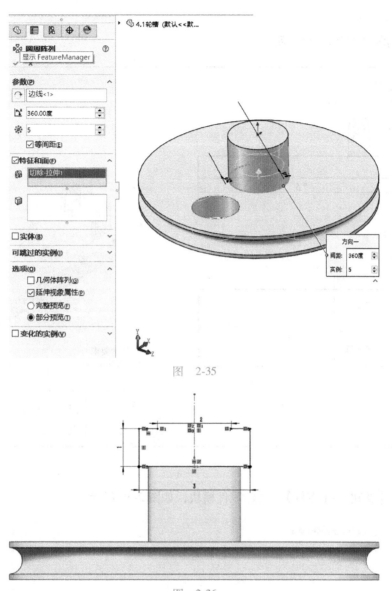

图　2-35

图　2-36

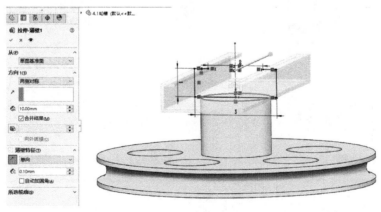

图　2-37

5. 固定板的建模

固定板的零件图如图 2-38 所示。

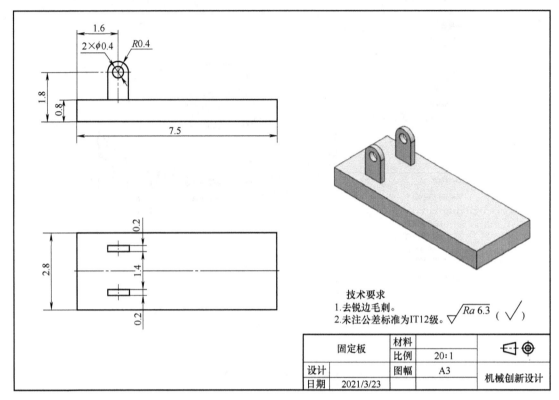

技术要求
1.去锐边毛刺。
2.未注公差标准为IT12级。

固定板		材料		
		比例	20:1	
设计		图幅	A3	机械创新设计
日期	2021/3/23			

图　2-38

1）执行【新建】→【零件】，新建零件模块，如图 2-39 所示。

图　2-39

2）选择前视基准面，进入草图绘制，如图 2-40 所示。

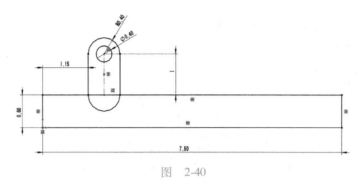

图　2-40

3）凸台-拉伸，两侧对称 2.80mm，选择轮廓，如图 2-41 所示。

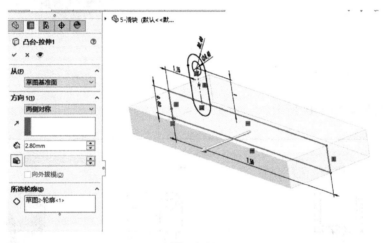

图　2-41

4）凸台-拉伸，两侧对称 1.80mm，选择轮廓，合并结果，如图 2-42 所示。

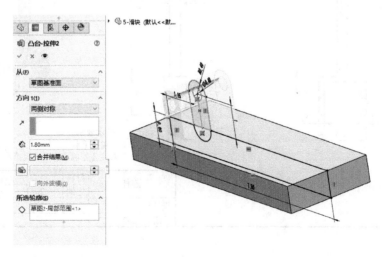

图　2-42

5）切除-拉伸，两侧对称 1.40mm，选择轮廓，完成建模，如图 2-43 所示。

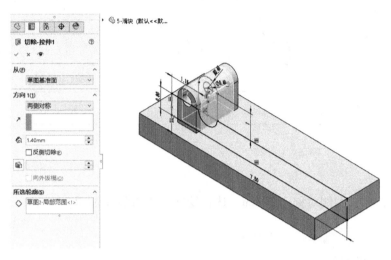

图　2-43

6. 连杆的建模

连杆的零件图如图 2-44 所示。

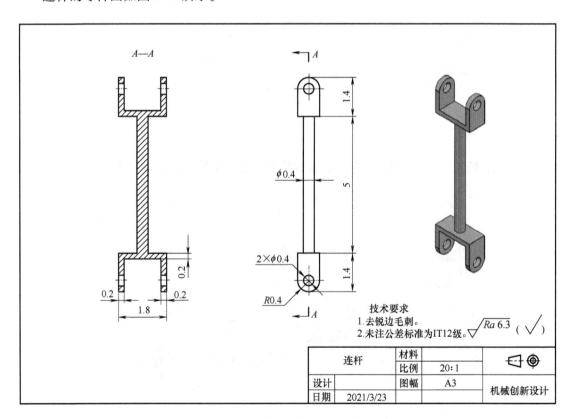

图　2-44

1）执行【新建】→【零件】，新建零件模块，如图 2-45 所示。

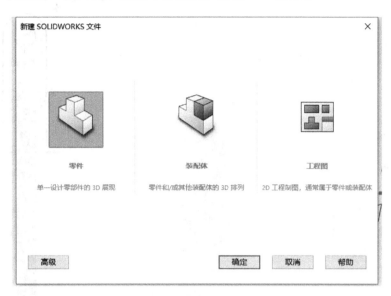

图 2-45

2）选择前视基准面，进入草图绘制，如图 2-46 所示。

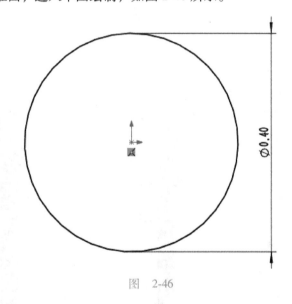

图 2-46

3）凸台-拉伸，两侧对称 5.00mm，如图 2-47 所示。

4）选择右视基准面，进入草图绘制，如图 2-48 所示。

5）凸台-拉伸，两侧对称 1.80mm，选择轮廓，合并结果，如图 2-49 所示。

6）选择右视基准面，进入草图绘制，如图 2-50 所示。

7）切除-拉伸，两侧对称 1.40mm，如图 2-51 所示。

8）镜向，选择上视基准面作为镜向面，选择要镜向的特征，完成建模，如图 2-52 所示。

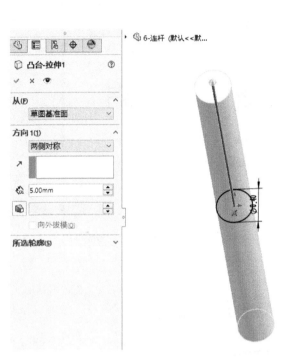

图　2-47

图　2-48

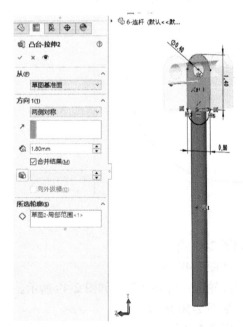

图　2-49

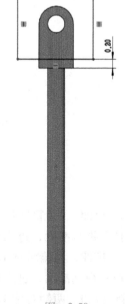

图　2-50

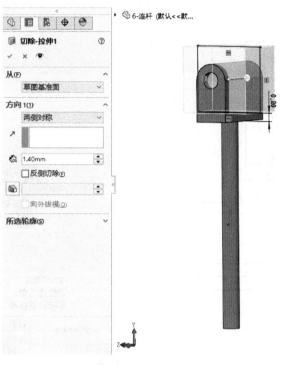

图 2-51

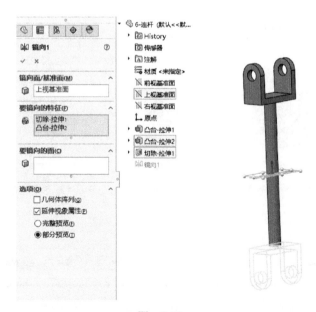

图 2-52

7. 十字连接件的建模

十字连接件的零件图如图 2-53 所示。

1）执行【新建】→【零件】，新建零件模块，如图 2-54 所示。

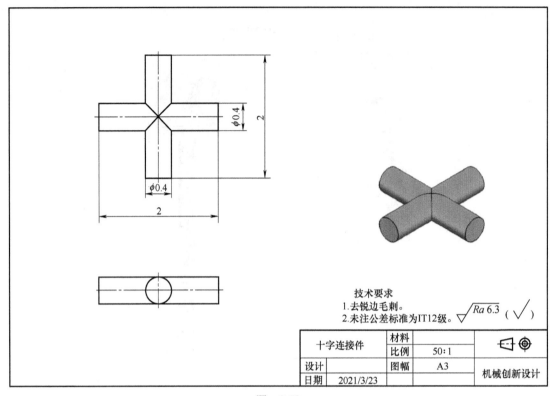

图　2-53

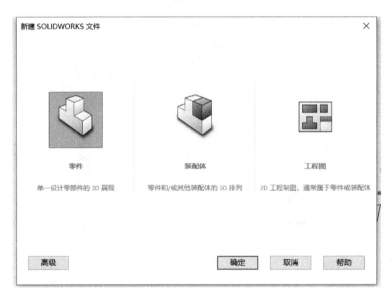

图　2-54

2）选择前视基准面，进入草图绘制，如图 2-55 所示。

3）凸台-拉伸，两侧对称 1.80mm，如图 2-56 所示。

4）复制实体，如图 2-57 所示。

5）组合，完成建模，如图 2-58 所示。

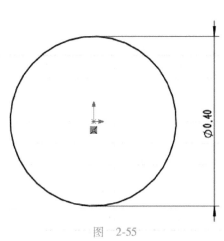

图　2-55

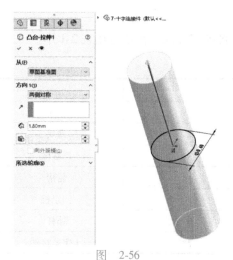

图　2-56

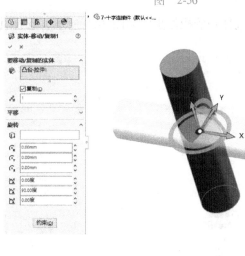

图　2-57

图　2-58

8. 填写零件体积

将各零件的体积填写在表 2-1 中。

表　2-1

序号	零件名称	体积/mm³	备注
1	基座		
2	滑块		
3	圆柱体		
4	轮槽		
5	固定板		
6	连杆		
7	十字连接件		

零件查询体积的操作步骤如图 2-59 所示，选择【评估】→【质量属性】，查询体积。

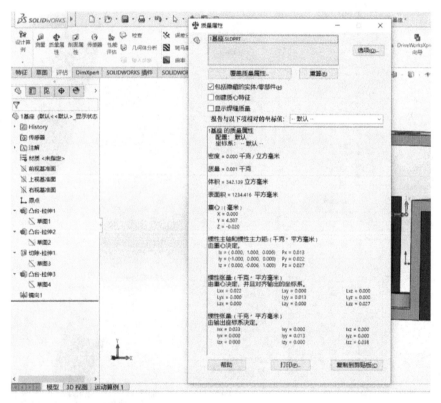

图　2-59

二、SolidWorks 零件虚拟装配及简单动画制作

1. 子装配体（1）

1）新建装配体，插入零件，如图 2-60 所示。

2）添加配合，使用同轴心配合或圆边线重合，如图 2-61 所示。

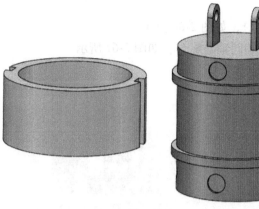

图 2-60

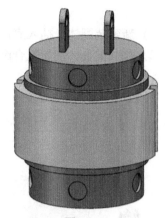

图 2-61

3）插入十字连接件，使用重合和同轴心配合到孔上，保存装配体，如图 2-62 所示。

2. 子装配体（2）

1）新建装配体，插入零件，如图 2-63 所示。

图 2-62

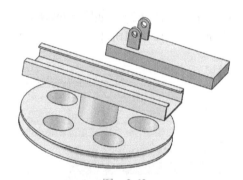

图 2-63

2）添加配合，使用面与面重合、边线重合或宽度配合，如图 2-64 所示。

3）插入连接件，将它配合到矩形滑块的孔上，保存装配体，如图 2-65 所示。

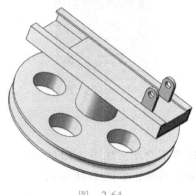

图 2-64

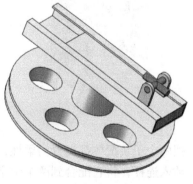

图 2-65

3. 总装配体

1）新建装配体，插入底座和子装配体（1），如图 2-66 所示。

2）添加配合，使用重合配合、宽度配合和同轴心配合，如图 2-67 所示。

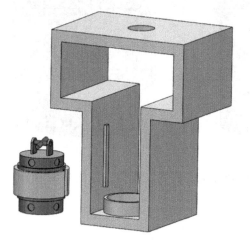

图 2-66

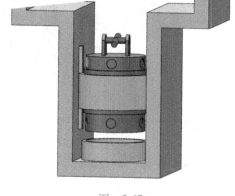

图 2-67

3）插入子装配体（2），如图 2-68 所示。

4）添加配合，使用圆边线重合，如图 2-69 所示。

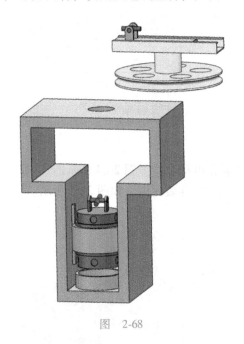

图 2-68

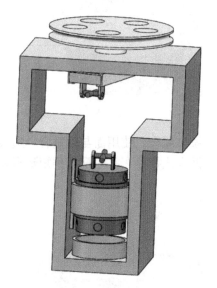

图 2-69

5）把两个子装配体都设置为柔性，不然十字连接件不会动，如图 2-70 所示。

6）插入连杆，将它配合到两个十字连接件上，完成总装，如图 2-71 所示。

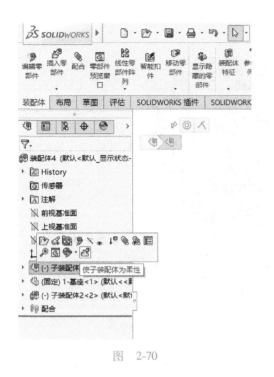

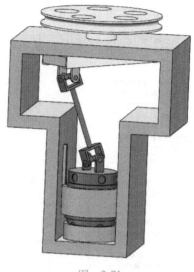

图　2-70

图　2-71

4. 简单动画制作

1）在运动算例 1 中添加一个旋转马达，如图 2-72 所示。

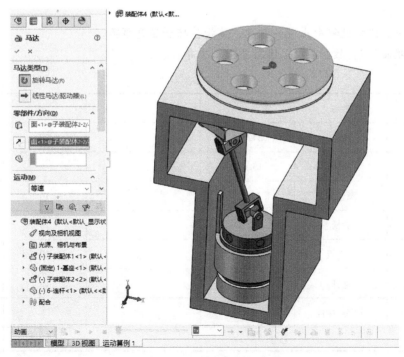

图　2-72

2）保存动画，如图 2-73 所示。

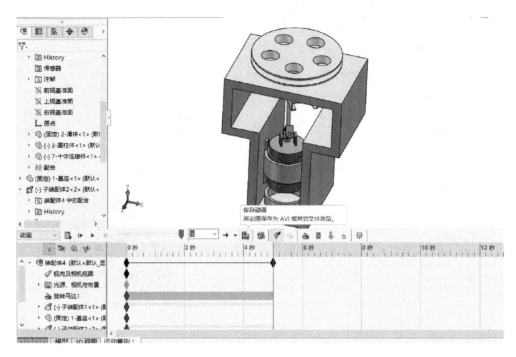

图　2-73

课堂讨论

1）说一说建模过程中出现的状况、建模技巧和注意事项。

2）参照表 2-2，核对表 2-1 填写是否正确并打分。

表　2-2

序号	零件名称	体积/mm³	备注	分值	得分
1	基座	542.14		20	
2	滑块	15.692		8	
3	圆柱体	64.27		15	
4	轮槽	72.38		15	
5	固定板	17.17		10	
6	连杆	1.82		15	
7	十字连接件	0.41		7	
总分				90	

任务二　手动推拉式夹钳的建模与装配

任务目标

1）熟练使用 SolidWorks 对手动推拉式夹钳部件进行虚拟装配操作。

2）掌握 SolidWorks 对手动推拉式夹钳零部件进行三维建模的方法。

任务实施

根据图 2-74 完成手动推拉式夹钳的三维建模及装配。

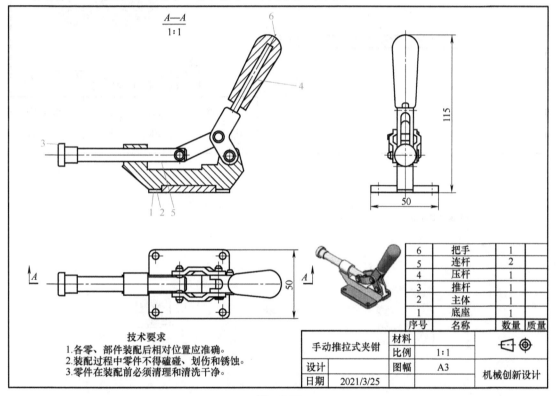

6	把手	1	
5	连杆	2	
4	压杆	1	
3	推杆	1	
2	主体	1	
1	底座	1	
序号	名称	数量	质量

技术要求
1.各零、部件装配后相对位置应准确。
2.装配过程中零件不得磕碰、划伤和锈蚀。
3.零件在装配前必须清理和清洗干净。

手动推拉式夹钳	材料		
	比例	1:1	
设计		图幅	A3
日期	2021/3/25		机械创新设计

图　2-74

一、SolidWorks 零件建模

1. 底座的建模

底座的零件图如图 2-75 所示。

1）执行【新建】→【零件】，新建零件模块，如图 2-76 所示。

2）选择上视基准面，进入草图绘制，如图 2-77 所示。

3）凸台-拉伸，给定深度 5.00mm，选择轮廓，完成建模，如图 2-78 所示。

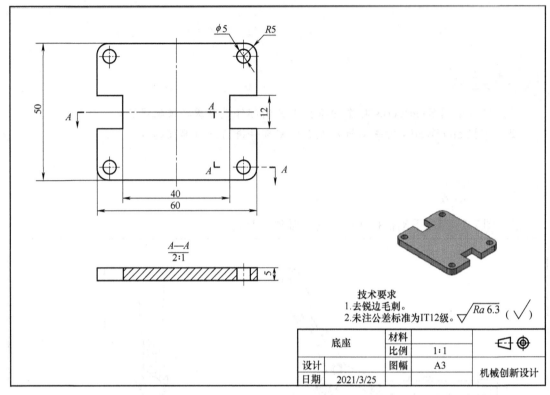

图 2-75

图 2-76

2. 主体的建模

主体的零件图如图 2-79 所示。

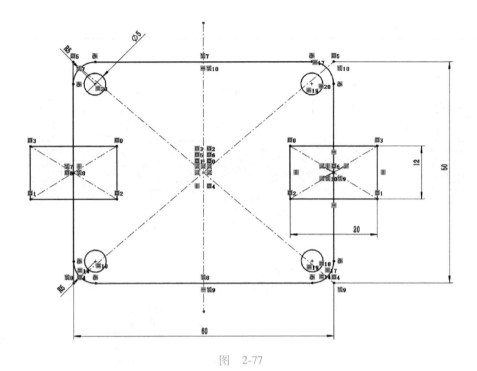

图 2-77

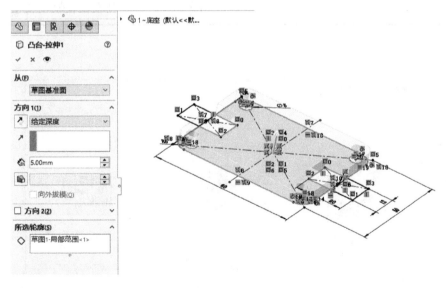

图 2-78

1）执行【新建】→【零件】，新建零件模块，如图 2-80 所示。

2）选择前视基准面，进入草图绘制，如图 2-81 所示。

3）凸台-拉伸，两侧对称 12.00mm，选择轮廓，如图 2-82 所示。

4）凸台-拉伸，两侧对称 6.00mm，合并结果，选择轮廓，如图 2-83 所示。

5）旋转，选择旋转轴，合并结果，选择轮廓，如图 2-84 所示。

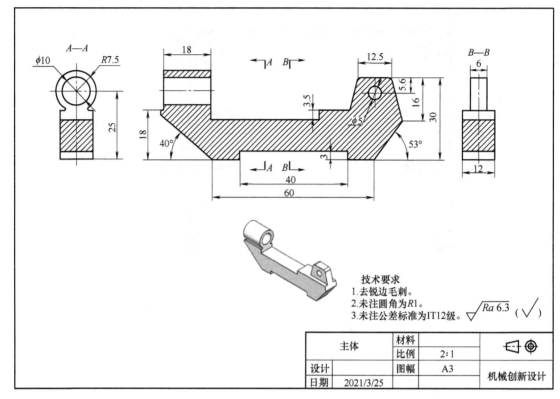

图　2-79

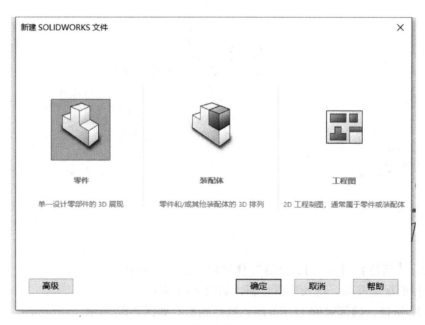

图　2-80

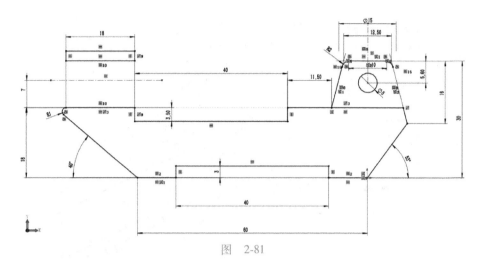

图　2-81

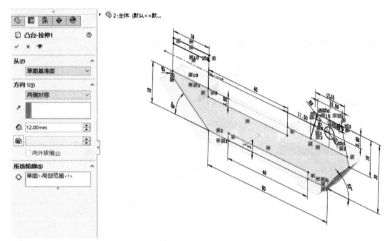

图　2-82

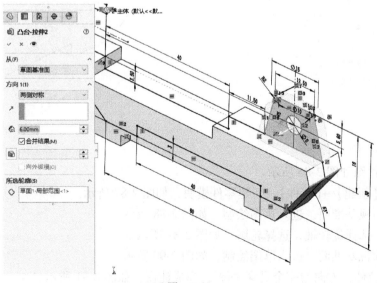

图　2-83

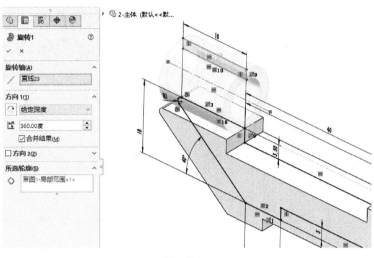

图 2-84

6）圆角，对称 0.50mm，完成建模，如图 2-85 所示。

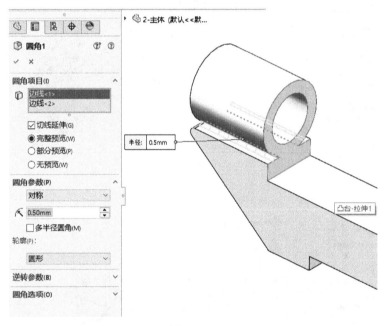

图 2-85

3. 推杆的建模

推杆的零件图如图 2-86 所示。

1）执行【新建】→【零件】，新建零件模块，如图 2-87 所示。

2）选择前视基准面，进入草图绘制，如图 2-88 所示。

3）旋转，选择旋转轴，选择轮廓，如图 2-89 所示。

4）选择前视基准面，进入草图绘制，如图 2-90 所示。

5）切除-拉伸，方向为完全贯穿-两者，完成建模，如图 2-91 所示。

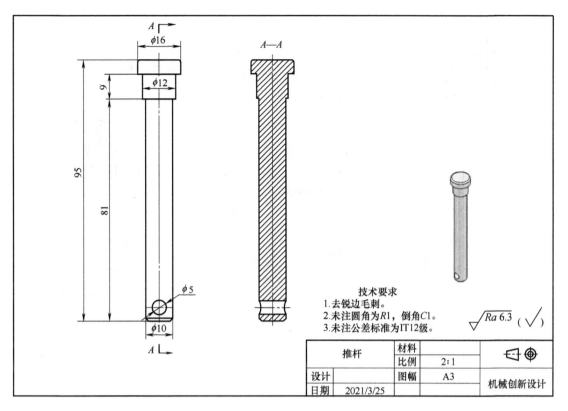

图　2-86

图　2-87

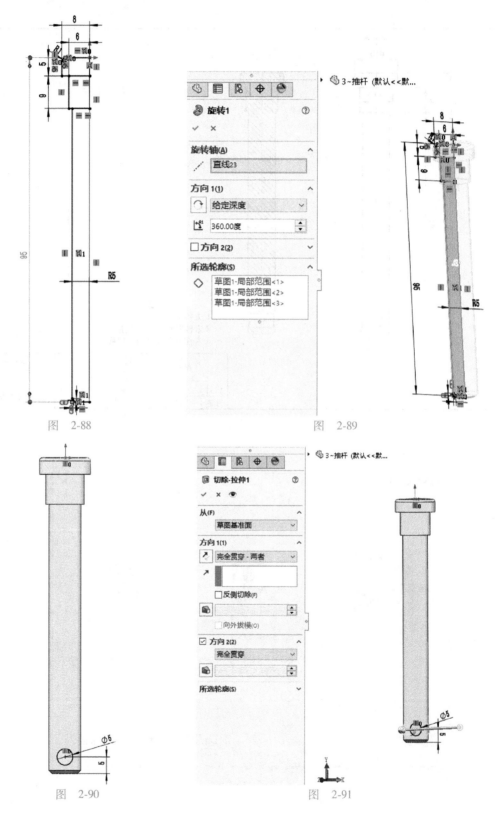

图 2-88

图 2-89

图 2-90

图 2-91

4. 连杆的建模

连杆的零件图如图 2-92 所示。

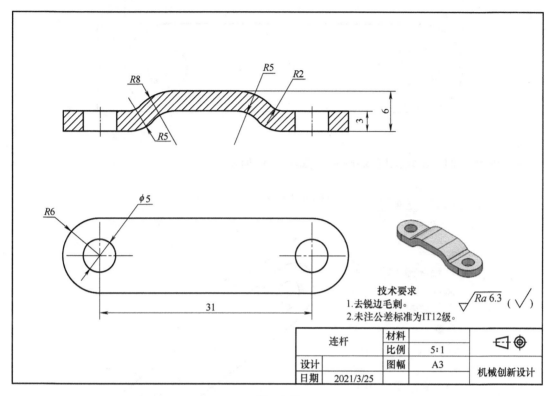

技术要求
1.去锐边毛刺。
2.未注公差标准为IT12级。

$\sqrt{Ra\,6.3}$ ($\sqrt{}$)

连杆	材料		
	比例	5:1	
设计	图幅	A3	机械创新设计
日期	2021/3/25		

图　2-92

1）执行【新建】→【零件】，新建零件模块，如图 2-93 所示。

图　2-93

2）选择上视基准面，进入草图绘制，如图 2-94 所示。

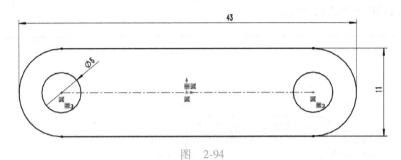

图 2-94

3）凸台-拉伸，给定深度 6.00mm，如图 2-95 所示。

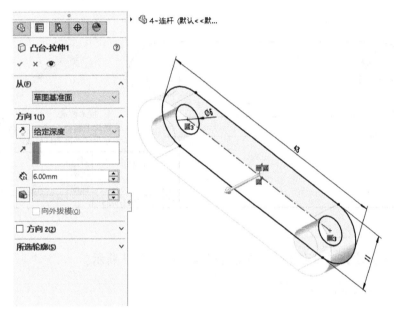

图 2-95

4）选择前视基准面，进入草图绘制，如图 2-96 所示。

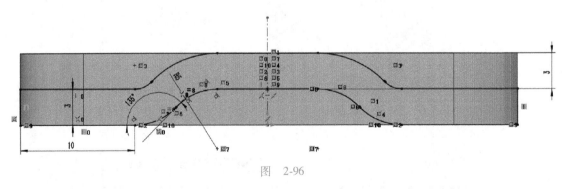

图 2-96

5）切除-拉伸，两侧对称 12.00mm，反侧切除，完成建模，如图 2-97 所示。

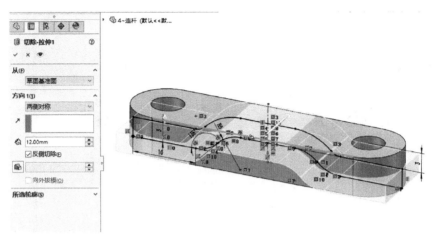

图　2-97

5. 压杆的建模

压杆的零件图如图 2-98 所示。

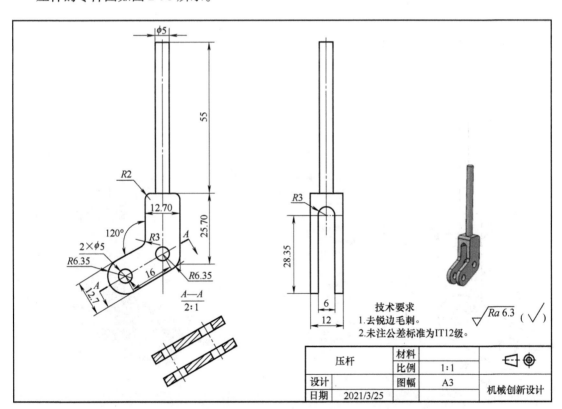

图　2-98

1）执行【新建】→【零件】，新建零件模块，如图 2-99 所示。

2）选择前视基准面，进入草图绘制，如图 2-100 所示。

3）凸台-拉伸，两侧对称 12.00mm，选择轮廓，如图 2-101 所示。

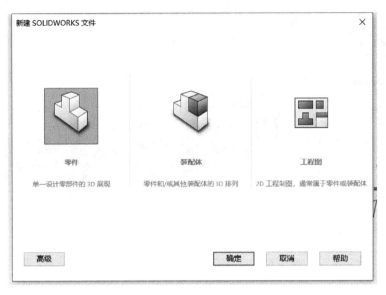

图　2-99

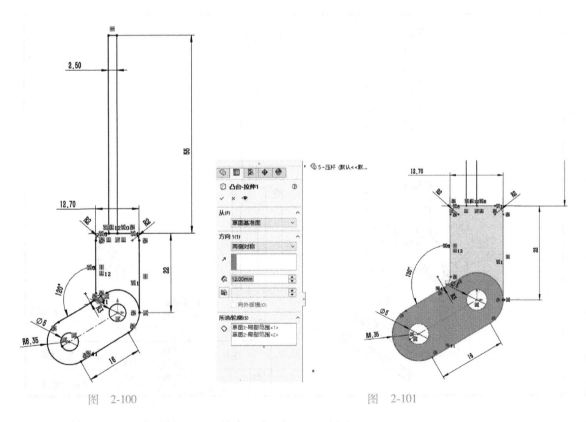

图　2-100　　　　　　　　　　　　　　　　图　2-101

4）旋转，选择旋转轴，选择轮廓，如图 2-102 所示。

5）选择右视基准面，进入草图绘制，如图 2-103 所示。

6）切除-拉伸，方向为完全贯穿-两者，完成建模，如图 2-104 所示。

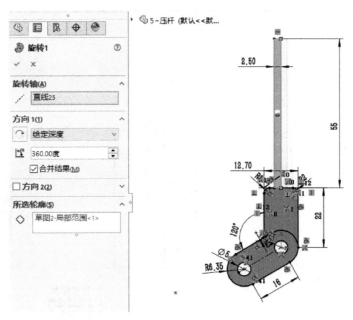

图　2-102

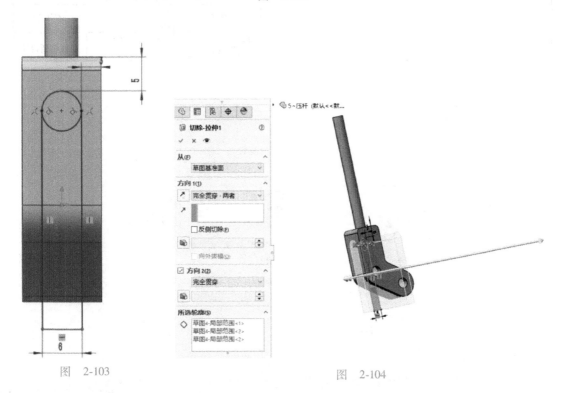

图　2-103

图　2-104

6. 把手的建模

把手的零件图如图 2-105 所示。

1）执行【新建】→【零件】，新建零件模块，如图 2-106 所示。

2）选择前视基准面，进入草图绘制，如图 2-107 所示。

3）旋转，选择旋转轴，完成建模，如图 2-108 所示。

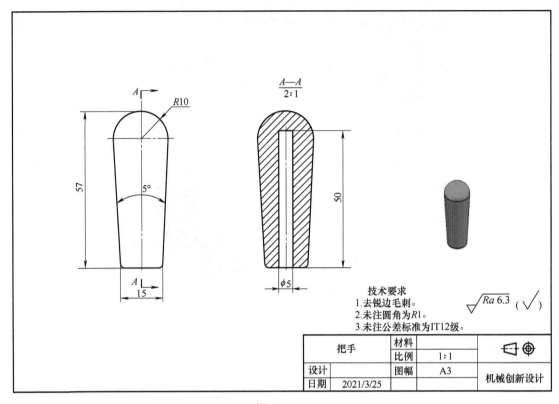

图 2-105

图 2-106

7. 填写零件体积

将各零件的体积填写在表2-3中。

零件查询体积的操作步骤如图2-109所示，选择【评估】→【质量属性】，查询体积。

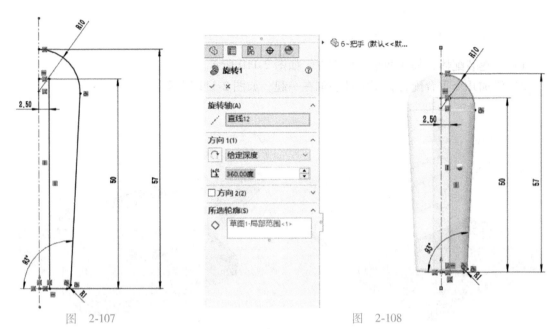

图　2-107　　　　　　　　　　　　　　　　　　　　　　图　2-108

表　2-3

序号	零件名称	体积/mm³	备注
1	底座		
2	主体		
3	推杆		
4	连杆		
5	压杆		
6	把手		

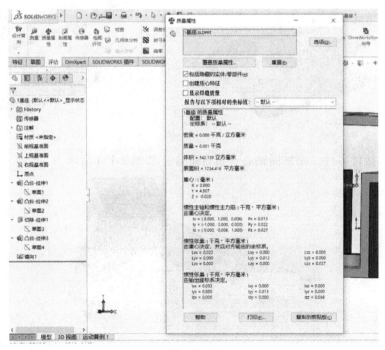

图　2-109

二、SolidWorks 零件虚拟装配

1）新建装配体，插入两个底座零件，如图 2-110 所示。

2）添加几个重合配合，将零件装配在一起，如图 2-111 所示。

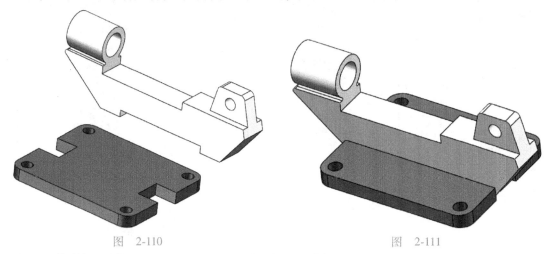

图　2-110　　　　　　　　　　　　图　2-111

3）插入推杆零件，添加同轴心配合，如图 2-112 所示。

4）插入压杆零件，添加同轴心、重合配合，如图 2-113 所示。

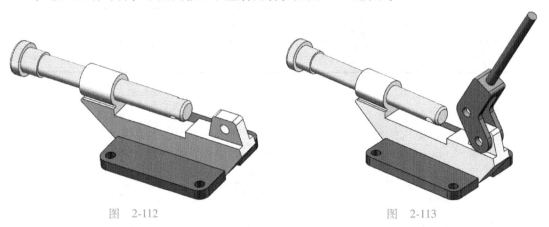

图　2-112　　　　　　　　　　　　图　2-113

5）插入连接件零件，添加同轴心、重合配合，如图 2-114 所示。

图　2-114

6）镜像零件，如图 2-115 所示。

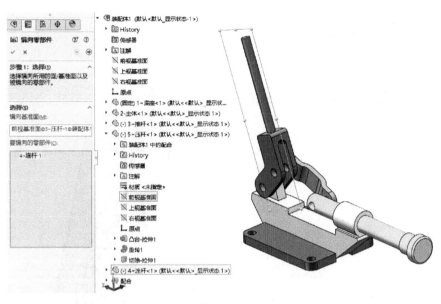

图　2-115

7）插入把手零件，更改把手零件的透明度，如图 2-116 所示。

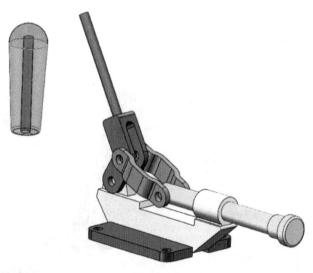

图　2-116

8）将顶部圆边线重合，如图 2-117 所示。

9）将把手和压杆两个零件的基准面重合配合，如图 2-118 所示。

10）选择【标准件】→【ISO】→【销钉】→【叉杆】，将它拖到孔上，长度为 16，如图 2-119 所示。

11）再拖两个叉杆到连接件的孔上，长度为 22，如图 2-120 所示。

12）用鼠标拖动把手即可运动。

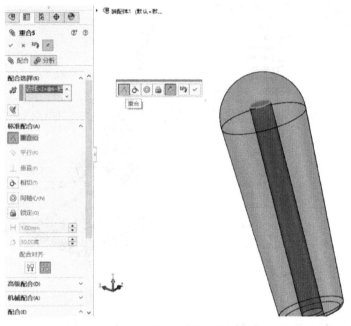

图 2-117

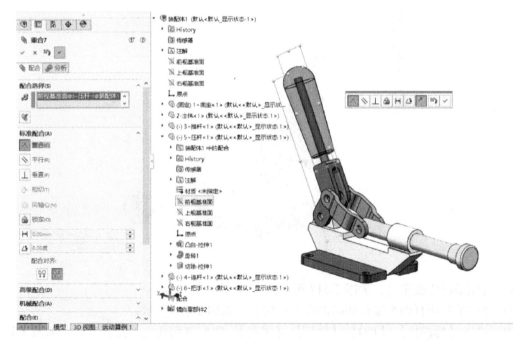

图 2-118

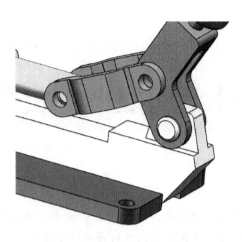
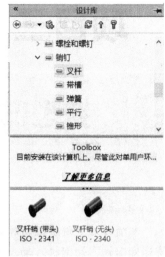

图　2-119

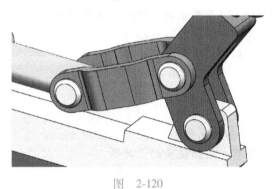

图　2-120

课堂讨论

1) 说一说建模过程中出现的状况、建模技巧和注意事项。

2) 参照表 2-4，核对表 2-3 填写是否正确并打分。

表　2-4

序号	零件名称	体积/mm³	备注	分值	得分
1	底座	13300.000		8	
2	主体	16261.906		25	
3	推杆	8169.798		10	
4	连杆	1276.905		10	
5	压杆	4519.288		20	
6	把手	12566.414		7	
总分				80	

项目三

典型部件运动原理仿真实例

项目描述

本项目着重讲解运动原理动画制作操作方法，以机械手、手动榨汁机、装载机、斯特林发动机、切割机（动态剖切）等机构为例进行虚拟运动原理仿真。

项目目标

1）熟练使用 SolidWorks 完成各机构的虚拟运动原理仿真。
2）使用 SolidWorks 进行虚拟仿真动画制作。
3）使用 SolidWorks 进行虚拟爆炸动画制作。

项目重点

1）SolidWorks 虚拟仿真动画制作。
2）驱动动画时间轴分布、视频镜头的设计等。

任务一 机械手的原理仿真

任务目标

1）熟练使用 SolidWorks 对机械手部件进行虚拟装配操作。
2）掌握 SolidWorks 装配体的虚拟仿真运动动画制作方法。

任务实施

根据装配示意图（图 3-1）以及零件清单（表 3-1、图 3-2）完成机械手的虚拟装配及虚拟仿真动画制作。

图　3-1

表　3-1

序号	零件名称	数量	备注
1	主体	1	
2	底座	1	
3	夹手	2	
4	联结	1	
5	履带	2	
6	铆钉	4	
7	驱动轮	4	
8	手臂 1	1	
9	手臂 2	1	
10	手臂 3	1	

底座　　　　夹手　　　　联结　　　　履带

铆钉　　　　驱动轮　　　手臂1　　　手臂2

手臂3　　　主体

图　3-2

一、SolidWorks 零部件装配

1. 新建 SolidWorks 装配文件

执行【新建】→【装配体】→【assem】，新建装配模块，如图 3-3 所示。

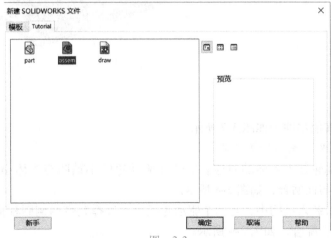

图　3-3

2. 在 SolidWorks 装配模块中插入零部件

1）单击【插入零部件】图标，打开选项卡，如图 3-4 所示。

2）单击【浏览】，选择需要插入的零部件，再单击【打开】，如图 3-5 所示。

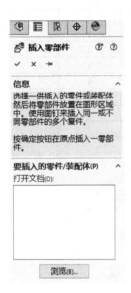

图　3-4

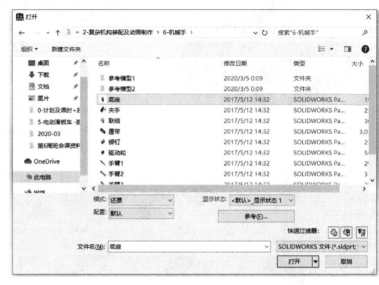

图　3-5

3）插入零件（固定状态），将主体作为固定件，只需在选项卡中单击对勾，就可直接与装配体坐标系重合，如图 3-6 所示。

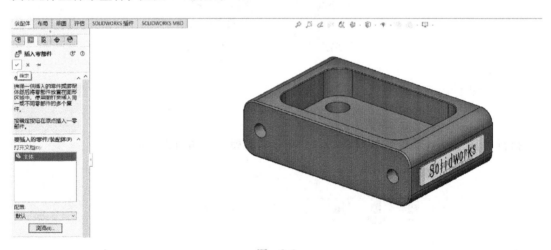

图　3-6

4）依次插入其他零件，如图 3-7 所示。

3. 添加各零部件之间的约束关系

1）将两个驱动轮装入主体的对应孔。选择驱动轮的小轴圆与主体小孔的圆重合配合。此操作可实现同轴与面贴合，如图 3-8 所示。

2）接着将履带装入机构中，与两个驱动轮配合。选择履带两侧圆柱面与两驱动轮圆柱面同心，并侧面重合配合，如图 3-9 所示。

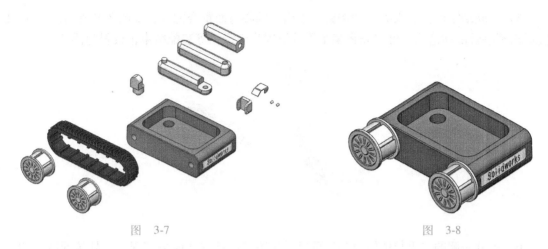

图 3-7　　　　　　　　　　　　　　　　　图 3-8

3）依次装入底座、手臂1、手臂2、手臂3、联结等零件。选择配合面上的圆与圆重合配合即可，如图3-10所示。

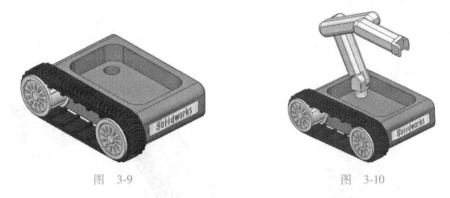

图 3-9　　　　　　　　　　　　　　　　　图 3-10

4）将左侧装好的履带与驱动轮，通过镜像零部件功能，复制出右侧履带与驱动轮。选择主体的前视基准面作为镜像平面，如图3-11所示。

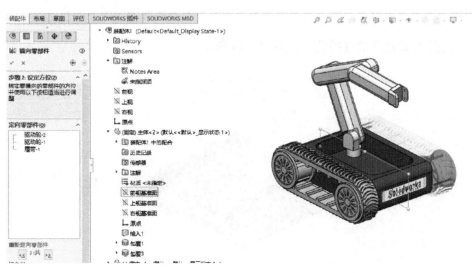

图 3-11

5）在联结零件上装入夹手和铆钉，采用同轴心与面重合配合，如图 3-12 所示。如在装配时出现手臂乱动情况，可以先将某个手臂设置为固定，等装配结束再设置为浮动。

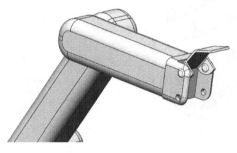

图　3-12

6）另外一侧的夹手与铆钉也同样可以采用镜像零部件功能去实现。此处选择联结的上视基准面作为镜像平面，如图 3-13 所示。

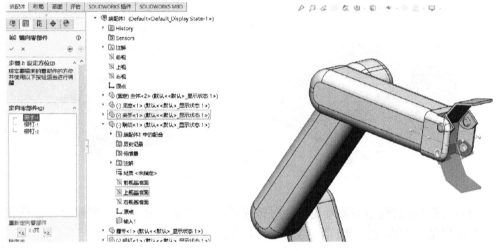

图　3-13

7）机械手完成最终的虚拟装配，如图 3-14 所示。

图　3-14

4. 添加进一步的约束关系

为制作运动仿真动画，各零部件需添加进一步的约束关系，如传动方式、转动角度等。

1）给两驱动轮添加机械配合中的齿轮配合，选择两驱动轮外圆柱面，传动比为 $1:1$，设置反转，如图 3-15 所示。

图　3-15

2）给底座添加角度约束，用于后期动画驱动，如图 3-16 所示。

图　3-16

3）给手臂 1、手臂 2、手臂 3 添加角度约束，用于后期动画驱动，如图 3-17 所示。前期完成的所有约束，都可以通过图 3-17 所示的左侧选项卡进行查看和修改。

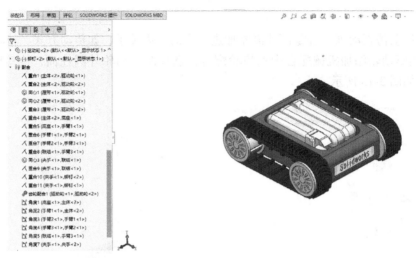

图 3-17

二、SolidWorks 装配体运动原理仿真动画制作

1. 启动 SolidWorks 运动算例

2. 动画向导

1）展示整个机构，旋转一周，时间条设置为2s，如图3-18所示。

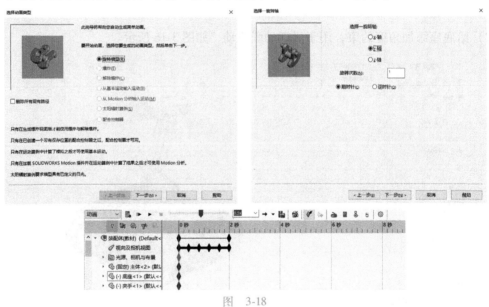

图 3-18

2）设置驱动手臂1的角度为90°（可自定义角度），这时需要将时间条设置为第2~4s，如图3-19所示。

3）依次设置驱动手臂2、手臂3的角度（角度自定义），时间条设置也依此类推递增2s，如图3-20所示。

4）驱动夹手张开和闭合的动作，设置角度7的度数，可复制第8s的键码到第12s的位置，即可实现张开闭合动作，如图3-21所示。

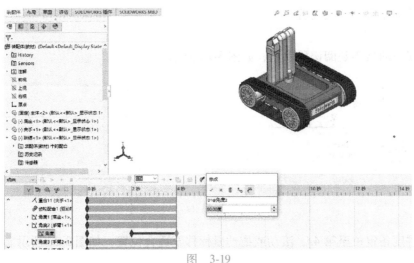

图　3-19

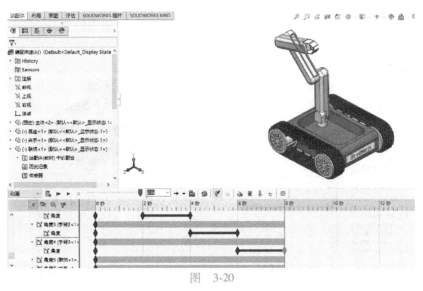

图　3-20

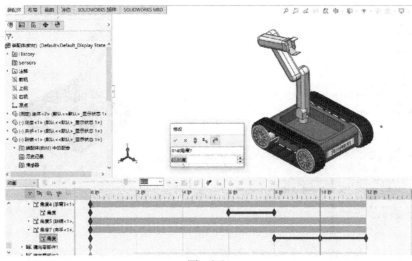

图　3-21

5）其他动作可自定义设置。

3. 动画视角设置

1）将视向的禁用观阅键码取消，如图 3-22 所示。

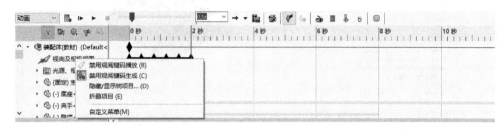

图　3-22

2）将进度条定位至第 4s，滚动或拖动鼠标移至适合位置，如图 3-23 所示。

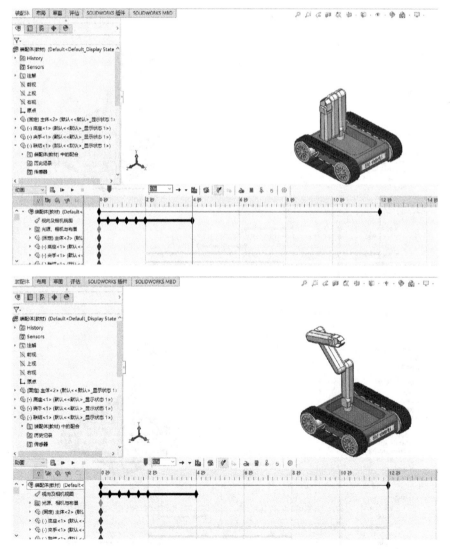

图　3-23

4. 动画视频输出设置

单击 保存动画，设置图像大小，如图 3-24 所示。

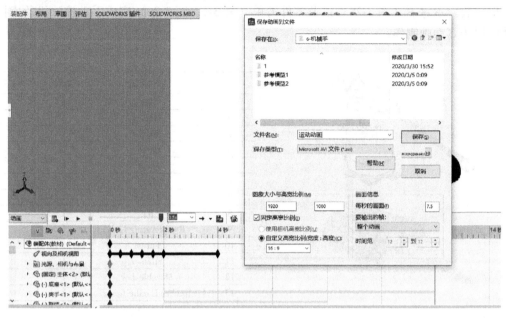

图　3-24

1）说一说虚拟装配的操作步骤、装配技巧和注意事项。

2）机械手可运用于日常生活中的哪些产品？

任务二　手动榨汁机的原理仿真

💡 **任务目标**

1）熟练使用 SolidWorks 对手动榨汁机部件进行虚拟装配操作。

2）掌握 SolidWorks 装配体的虚拟仿真运动动画制作方法。

◈ 任务实施

根据装配示意图（图 3-25）以及零件清单（表 3-2、图 3-26）完成手动榨汁机的虚拟装配及虚拟仿真动画制作。

图 3-25

表 3-2

序号	零件名称	数量	备注
1	Base	1	
2	Holder	1	
3	Bracket	1	
4	Handle	1	
5	Joint	1	
6	Link	2	
7	Anchor	1	
8	Bar	1	
9	Reciprocating Link	1	
10	Furnel	1	
11	Strainer	1	
12	Movable Jaw	1	
13	Rubber Handle Cover	1	

1. Base   2. Holder   3. Bracket   4. Handle   5. Joint   6. Link

7. Anchor   8. Bar   9. Reciprocating Link   10. Furnel   11. Strainer   12. Movable Jaw

13. Rubber Handle Cover

图 3-26

一、SolidWorks 零部件装配

1. 新建 SolidWorks 装配文件

执行【新建】→【装配体】→【assem】，新建装配模块，如图 3-27 所示。

2. 在 SolidWorks 装配模块中插入零部件

1）单击【插入零部件】图标，打开选项卡，如图 3-28 所示。

2）单击【浏览】，选择需要插入的零部件，再单击【打开】，如图 3-29 所示。

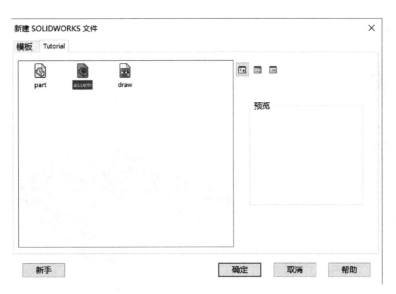

图 3-27

图 3-28

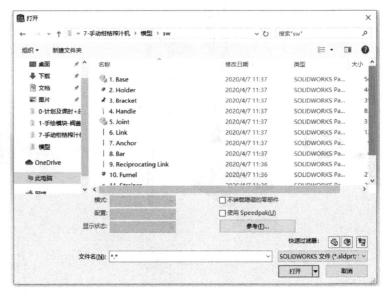

图 3-29

3) 插入零件（固定状态），将 Base 作为固定件，只需在选项卡中单击对勾，就可直接与装配体坐标系重合，如图 3-30 所示。

4) 依次插入其他零件，如图 3-31 所示。

3. 添加各零部件之间的约束关系

1) 将 Anchor 装入 Base 的对应方孔。选择两个圆柱体同轴配合，再选择方形面重合配合，并确定方孔方向一致。注意 Anchor 零件中 3 个孔的方向，如图 3-32 所示。

2) 接着将 Bar 装入 Anchor，选择两圆柱面同心配合，再选择侧孔面做同心配合，确定方向，如图 3-33 所示。

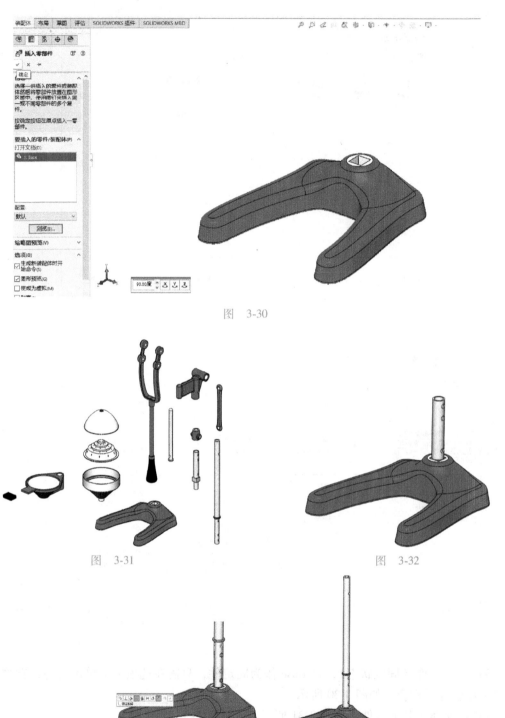

图 3-30

图 3-31   图 3-32

图 3-33

3）依次装入 Bracket、Handle 等零件。选择配合面上的圆和平面进行重合配合即可，注意零件的方向，如图 3-34 所示。

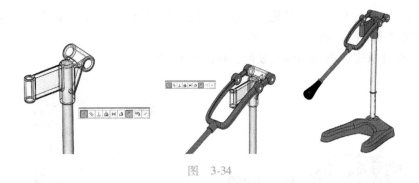

图　3-34

4）将压榨底座部分（Holder、Furnel、Strainer、Rubber Handle Cover）依次装入摇杆 Bar，通过同轴、重合等配合进行约束。注意，Holder 要与 Base 约束好方向，如图 3-35 所示。

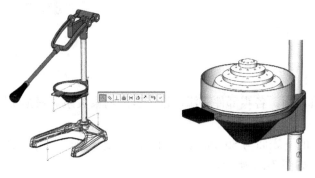

图　3-35

5）依次装入压榨上盖部分（Joint、Link、Reciprocating Link、Movable Jaw），如图 3-36 所示。注意，Joint 与 Movable Jaw 配合时，选择 Joint 的圆与 Movable Jaw 的内侧曲面做相切配合。

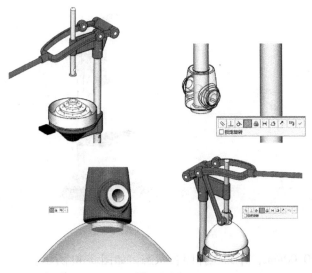

图　3-36

6）利用另一侧的 Link，通过镜像零部件功能，复制出右侧 Link，此处选择 Holder 的前视基准面作为镜像平面，如图 3-37 所示。

7）手动榨汁机完成最终的虚拟装配，如图 3-38 所示。

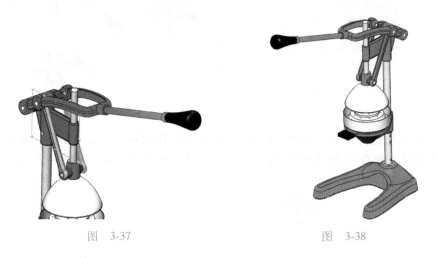

图　3-37　　　　　　　　　　　　图　3-38

4. 添加进一步的约束关系

为制作运动仿真动画，各零部件需添加进一步的约束关系。根据实际压榨运动原理，采用以下配合方式。

1）Movable Jaw 的下表面与 Strainer 的内平面建立距离配合关系，距离设置为 80.00mm，作为压榨展开状态，如图 3-39 所示。

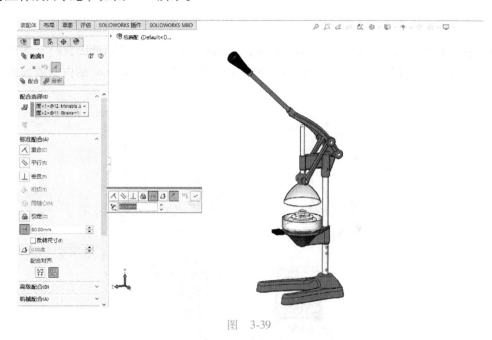

图　3-39

2）距离设置为 0.00mm，作为压榨闭合状态，如图 3-40 所示。

前期完成的所有约束，都可以通过图 3-41 左侧的选项卡进行查看和修改。

图　　3-40

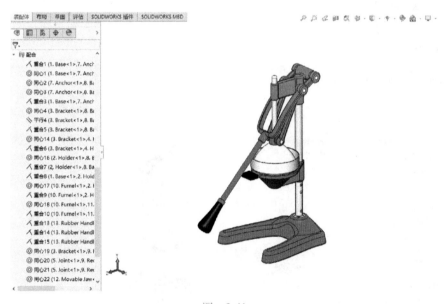

图　　3-41

二、SolidWorks 装配体运动原理仿真动画制作

1. 启动 SolidWorks 运动算例

2. 动画向导

1）展示整个机构，旋转一周，时间条设置为 2s，如图 3-42 所示。

2）将时间条移到第 8s，再设置距离 1 的参数，将数值改为 80.00mm，如图 3-43 所示，实现压榨手柄向上提的动作。

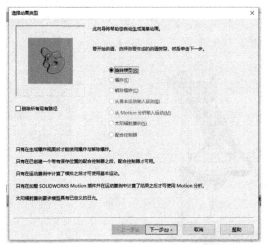

图 3-42

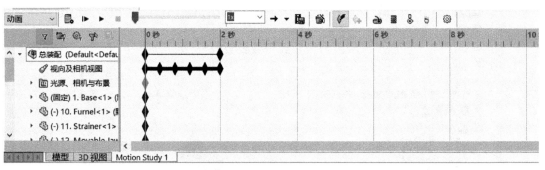

图 3-43

3）复制第2s的距离关键码，并在第14s处进行粘贴，如图3-44所示，实现压榨手柄向下压的动作。

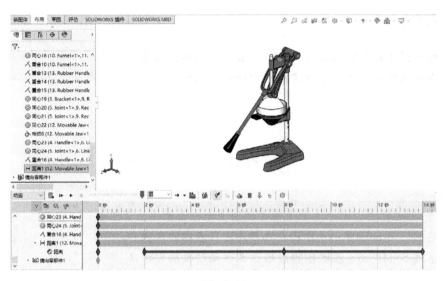

图　3-44

4）其他动作可自定义设置。

3. 动画视频输出设置

单击 保存动画，设置图像大小，如图 3-45 所示。

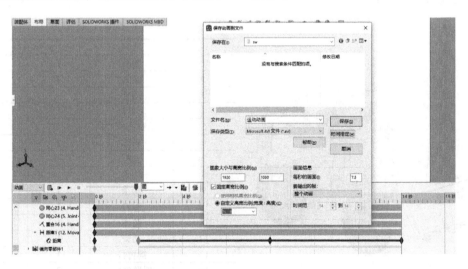

图　3-45

1）说一说虚拟装配的操作步骤以及装配技巧和注意事项。

2）查找该机构可运用于日常生活中哪些产品？

任务三 装载机的原理仿真

任务目标

1）熟练使用 SolidWorks 对装载机部件进行虚拟装配操作。

2）掌握 SolidWorks 装配体的虚拟仿真运动动画制作方法。

任务实施

根据装配示意图（图 3-46、图 3-47）以及零件清单（表 3-3、图 3-48）完成装载机的虚拟装配及虚拟仿真动画制作。

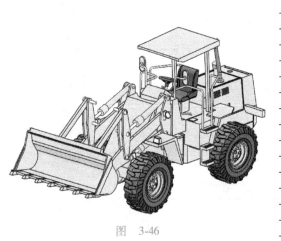

图 3-46

表 3-3

序号	零件名称	数量	备注
1	差动	1	
2	铲头	1	
3	动臂	1	
4	动臂杆	1	
5	动臂液压缸	1	
6	后体	2	
7	连杆	1	
8	轮胎	1	
9	轮缘	1	
10	螺钉	1	
11	前体	1	
12	摇臂	1	
13	摇臂杆	1	
14	摇臂气缸	2	
15	轴	1	

一、SolidWorks 零部件装配

1. 子装配"车轮组件"的装配

1）新建 SolidWorks 装配文件。执行【新建】→【装配体】→【assem】，新建装配模块，如图 3-49 所示。

2）单击【插入零部件】图标，打开选项卡，如图 3-50 所示。

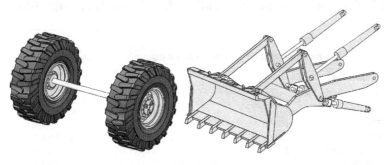

图 3-47

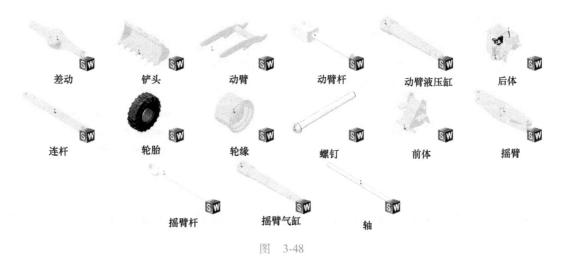

差动   铲头   动臂   动臂杆   动臂液压缸   后体

连杆   轮胎   轮缘   螺钉   前体   摇臂

摇臂杆   摇臂气缸   轴

图 3-48

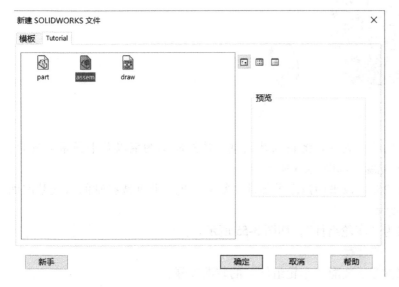

图 3-49

图 3-50

3）单击【浏览】，选择需要插入的零部件，再单击【打开】，如图 3-51 所示。

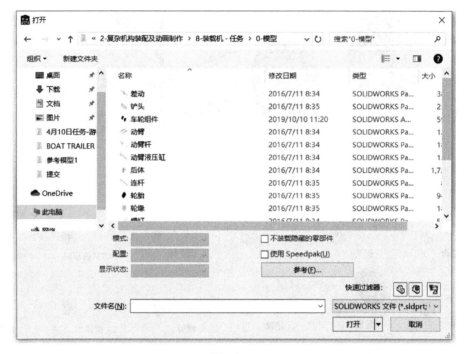

图　3-51

4）插入零件，将轴作为固定件，再依次插入其他零件（轮胎、轮缘），如图 3-52 所示。

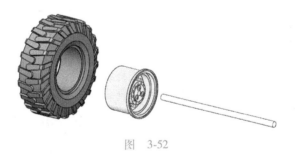

图　3-52

5）添加各零部件之间的约束关系。将轮缘装入轴，选择同轴约束以及平面重合配合，接着将轮胎用同样方式装入轮缘，如图 3-53 所示。

6）另外一侧的轮胎与轮缘可以采用镜像零部件功能去实现，此处选择轴的右视基准面作为镜像平面，如图 3-54 所示。

7）保存子装配，命名为"车轮组件"，如图 3-55 所示。

2. 子装配"装载组件"的装配

1）新建装配体等步骤参考子装配"车轮组件"的装配步骤。

2）插入零件，将铲头作为固定件，再依次插入其他零件（动臂、动臂杆、动臂液压缸、连杆、摇臂、摇臂杆、摇臂气缸），如图 3-56 所示。

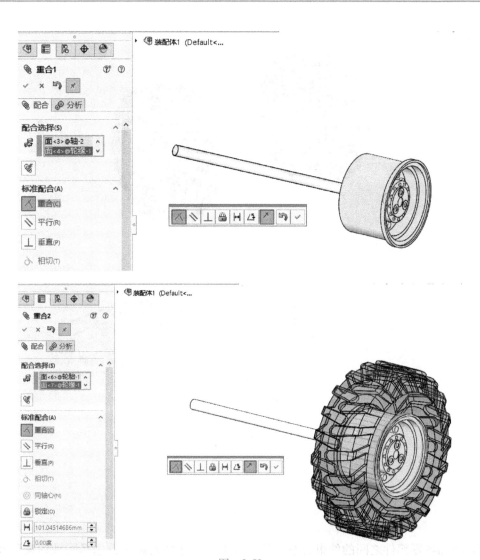

图　3-53

图　3-54

图　3-55

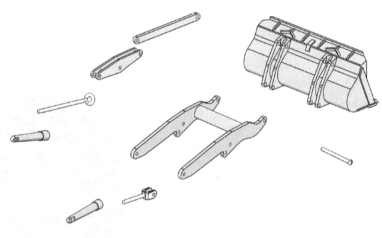

图　3-56

3）添加各零部件之间的约束关系。依次约束各零件装入铲头，选择同轴约束以及高级配合中的宽度约束配合（中心），如图3-57所示。

4）插入螺钉并添加约束关系。由于该螺钉是采用系列化参数，所以可以根据不同装配位置编辑其螺钉长度，右击螺钉，在弹出的菜单中选择配置零部件，如图3-58所示，图中画圈处零件采用配置B，画框处零件采用配置D。

5）另外一侧的零部件采用镜像零部件功能去实现，此处选择铲头的右视基准面作为镜像平面，如图3-59所示。

6）保存子装配，命名为"装载组件"，如图3-60所示。

3. 装载机总装的虚拟装配

1）新建装配体等步骤参考子装配"车轮组件"的装配步骤。

2）插入子装配以及其他零部件。将后体作为固定件，再依次插入其他零件（前体、差动、车轮组件、装载组件），如图3-61所示。

3）添加各零部件之间的约束关系。依次约束各零件装入后体，选择同轴约束以及重合配合（贴合），如图3-62所示。

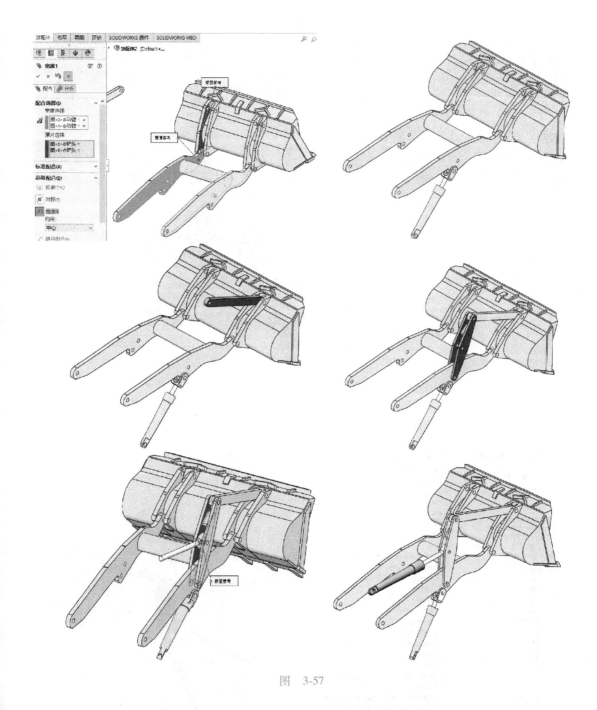

图 3-57

　　注意，若在装配装载组件给气缸定义同轴约束时出现错误报告，如图 3-63 所示，解决方法如下：

　　由于装载组件的各个零件是作为一个整体装入总装体，其他零件就会被定义为整体固定的状态，这时需要将装载组件修改成柔性模式，如图 3-64 所示。

　　4）继续约束装载组件，添加同轴约束，最终组装完毕的效果如图 3-65 所示。

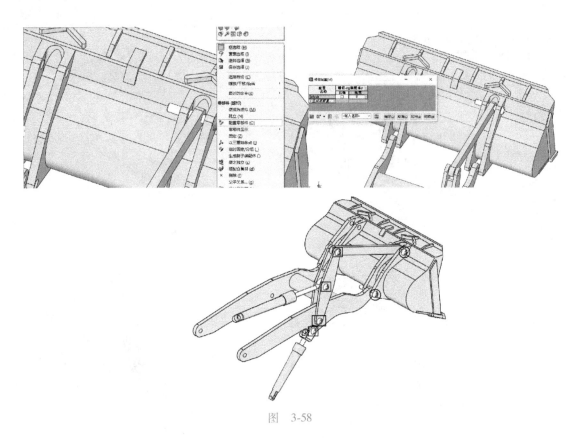

图 3-58

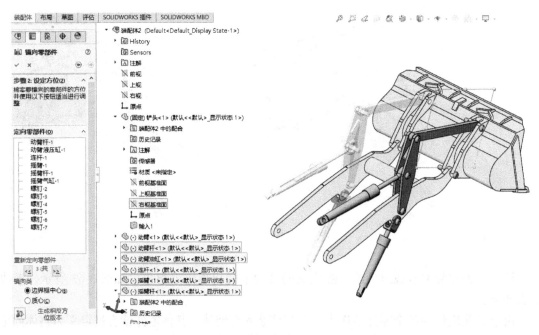

图 3-59

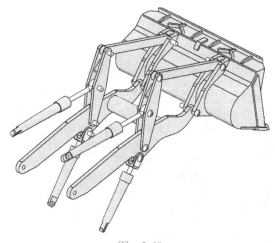

图　3-60

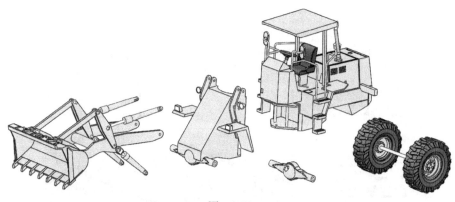

图　3-61

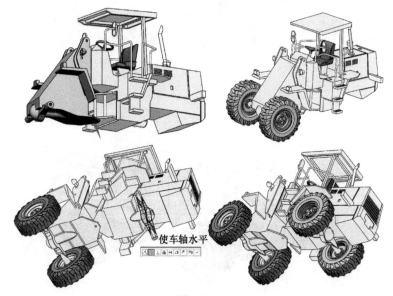

图　3-62

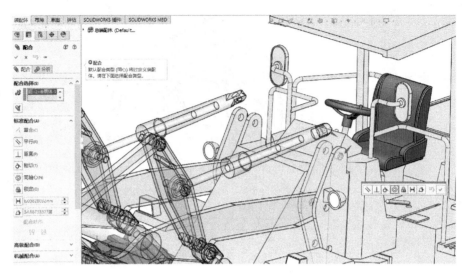

图 3-63

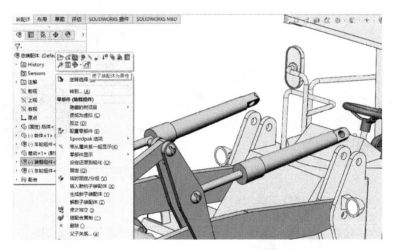

图 3-64

图 3-65

二、SolidWorks 装配体运动原理仿真动画制作

1. 启动 SolidWorks 运动算例

2. 动画向导

展示整个机构，旋转一周，时间条设置为 2s，如图 3-66 所示。

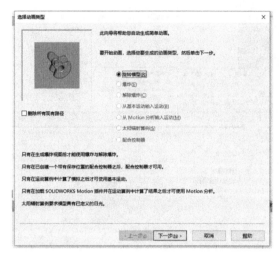

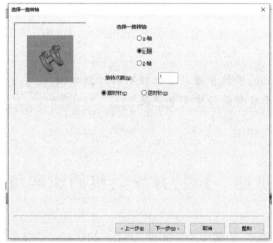

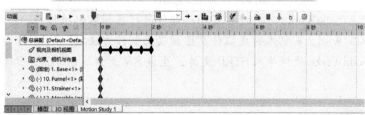

图　3-66

3. 动画视频输出设置

单击 保存动画，设置图像大小，如图 3-67 所示。

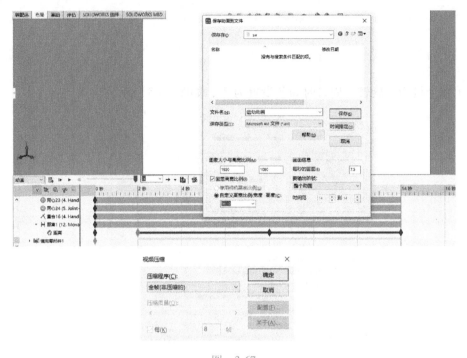

图　3-67

1）说一说虚拟装配的操作步骤、装配技巧和注意事项。

2）装载机可运用于日常生活中哪些产品？

任务四　斯特林发动机的原理仿真

任务目标

1）熟练使用 SolidWorks 对斯特林发动机部件进行虚拟装配操作。

2）掌握 SolidWorks 装配体的虚拟仿真运动动画制作方法。

3）运用 SolidWorks 软件导入 STEP 文件，生成 SW 文件。

任务实施

根据提供的装配工程图、STEP 文件、示意图（图 3-68、图 3-69、图 3-70）等，完成斯特林发动机的虚拟装配及虚拟仿真动画制作。

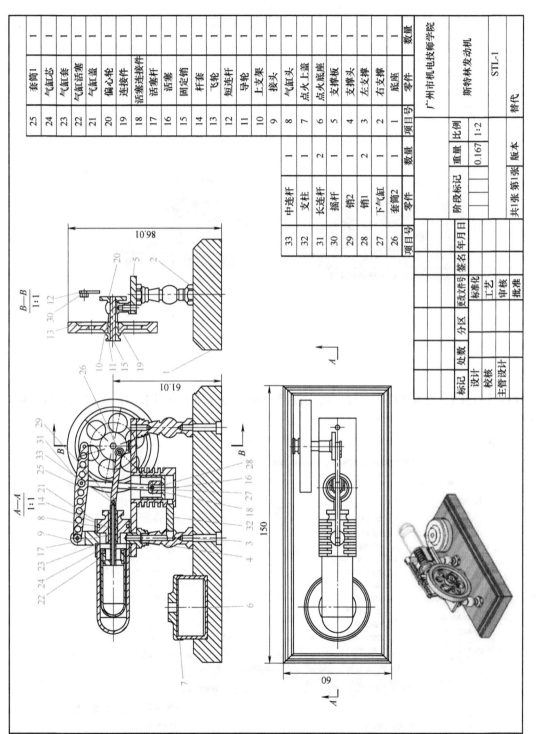

项目号	零件	数量
25	套筒1	1
24	气缸芯	1
23	气缸套	1
22	气缸活塞	1
21	气缸盖	1
20	偏心轮	1
19	连接件	1
18	活塞连接件	1
17	活塞杆	1
16	活塞	1
15	固定销	1
14	杆套	1
13	飞轮	1
12	短连杆	1
11	导轮	1
10	上支架	1
9	接头	1
8	气缸头	1
7	点火上盖	1
6	点火底座	1
5	支撑板	1
4	支撑头	1
3	左支撑	1
2	右支撑	1
1	底座	1
项目号	零件	数量

项目号	零件	数量
33	中连杆	1
32	支柱	1
31	长连杆	2
30	摇杆	1
29	销2	1
28	销1	2
27	下气缸	1
26	套筒2	1

广州市机电技师学院

斯特林发动机

STL-1

阶段标记	重量	比例
	0.167	1:2

共1张　第1张　版本

替代

图 3-68

图　3-69

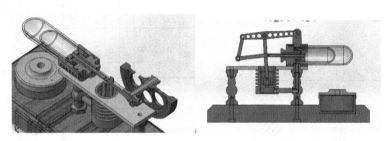

图　3-70

一、将 STEP 文件导入 SolidWorks 生成零部件

1. 导入 STEP 文件

执行【打开】，选择 STEP 文件，将文件类型修改为【所有文件】，导入文件，如图 3-71 所示。

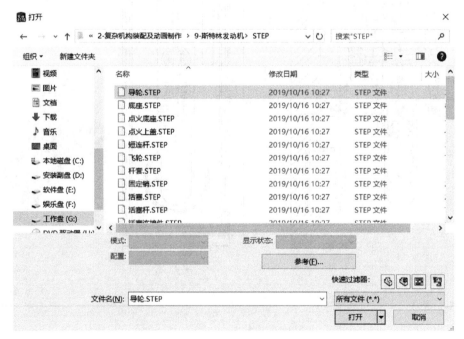

图　3-71

2. 零件输入诊断与识别操作步骤

1）进入对话框，选择使用空模板，如图 3-72 所示。

2）分别单击【否】按钮，不进行输入诊断和不进行特征识别，如图 3-73 所示。

3）保存为 SolidWorks 文件。

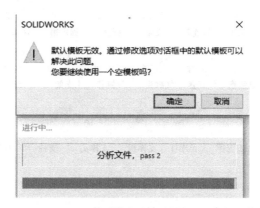

图 3-72

图 3-73

二、SolidWorks 零部件装配

1. 新建 SolidWorks 装配文件

执行【新建】→【装配体】→【assem】，新建装配模块，如图 3-74 所示。

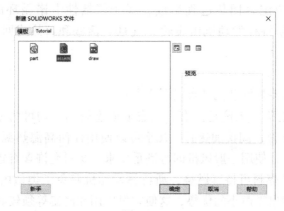

图 3-74

2. 动画制作

根据提供的装配工程图（图 3-68）、装配示意图（图 3-70）以及零件清单（图 3-75）对斯特林发动机进行虚拟装配及虚拟仿真动画制作。

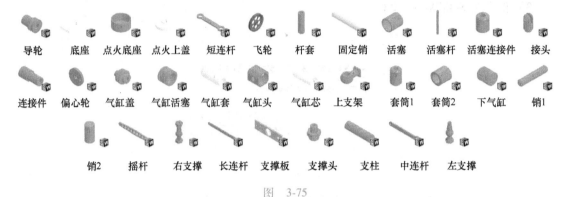

导轮　底座　点火底座　点火上盖　短连杆　飞轮　杆套　固定销　活塞　活塞杆　活塞连接件　接头

连接件　偏心轮　气缸盖　气缸活塞　气缸套　气缸头　气缸芯　上支架　套筒1　套筒2　下气缸　销1

销2　摇杆　右支撑　长连杆　支撑板　支撑头　支柱　中连杆　左支撑

图　3-75

自行根据图样进行虚拟装配，并将所遇问题汇总。

问题汇总：

1）_____

2）_____

3）_____

知识链接

斯特林发动机是英国物理学家罗巴特·斯特林于 1816 年发明的，因此得名。斯特林发动机的工作原理是气缸内工作介质（氢气或氦气）经过以冷却—压缩—吸热—膨胀为周期的循环来输出动力，因此又被称为热气机。斯特林发动机是一种外燃机，其有效效率一般介于汽油机与柴油机之间。

1. 斯特林发动机循环

斯特林发动机是一种外部加热的闭式循环发动机，如图 3-76 所示。该发动机循环由两个等温过程和两个定容回热过程组成，属于概括性卡诺循环的一种，实现循环的关键在于实现回热。斯特林发动机由飞轮、气缸、活塞和蓄热式回热器组成，如图 3-77 所示。

2. 斯特林发动机的优点

与内燃机相比，斯特林发动机具有以下优点：

（1）可适应各种能源　无论是液态、气态或固态燃料，均可为斯特林发动提供热源。当采用载热系统（如热管）间接加热时，几乎可以使用任何高温热源（如柴火等）对其加热，且无须压缩机增压，使用一般风机即可满足要求。燃料允许含有较高的杂质。

（2）噪声小　由于燃料可持续燃烧，斯特林发动机避免了类似内燃机的爆震做功和间歇燃烧过程，从而展现出噪声小的优势，这使它可以用在潜艇等须较好的隐蔽性的场合。斯特林发动机单机容量小，机组容量为 20～50kW，可以因地制宜增减系统容量。它的结构简单，零件数比内燃机少，同时维护成本也较低。

图　3-76

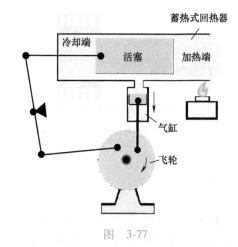

图　3-77

（3）不受气压影响　斯特林循环中工质与大气隔绝，这使它非常适合于高海拔地区使用。

3. 斯特林发动机的应用

随着全球能源与环保的形势日趋严峻，斯特林发动机因其具有多种能源的广泛适应性和优良的环境特性已越来越受到重视，在水下动力、太阳能动力、空间站动力、热泵空调动力、车用混合推进动力等方面得到了广泛研究，并且已取得一些成果。斯特林发动机的三个应用方向包括：

（1）小型分布式热电联产系统　斯特林发动机可应用于热电联产系统。热电联产系统从规模上分为小型分布式热电联产系统和大型的以热电厂为基础的热电联产系统，其中小型分布式热电联产系统具有设备小型化和燃料多元化等特点，它主要由动力装置、供热装置和其他辅助装置组成，其中动力装置是整个系统的核心部件。天然气首先进入燃烧器进行燃烧，产生的高温烟气先用来加热发动机的高温热腔（区），然后与换热器进行换热，得到热水流入储槽作为生活热水，低温废气则从尾气管排出。同时，冷水冷却发动机的低温冷腔（区）也被加热得到热水。工质则在高温热腔与低温冷腔之间循环流动，推动活塞往复运动对外做功，带动发动机发电。

（2）低能级的余热回收　斯特林发动机也特别适合用来回收利用低能级的余热，如工厂余热、地热、太阳能等，以取得良好的节能效益。

（3）移动式动力源　对斯特林发动机进行小型化和轻量化改造并改善其控制性能后，也可作为推土机、压路机、潜水艇的动力来源。

课堂讨论

1）说一说虚拟装配的操作步骤、装配技巧和注意事项。

2）斯特林发动机可运用于日常生活中哪些产品？

任务五　切割机（动态剖切）的原理仿真

任务目标

1）熟练使用 SolidWorks 对切割机（动态剖切）进行虚拟装配操作。

2）掌握 SolidWorks 装配体的虚拟仿真运动动画制作（动态剖切）方法。

任务实施

根据装配示意图（图3-78）以及零件清单（表3-4）完成切割机的虚拟装配及虚拟仿真动画制作。本任务重点在于如何实现刀具旋转，以及木料切割后得到切割痕的效果。

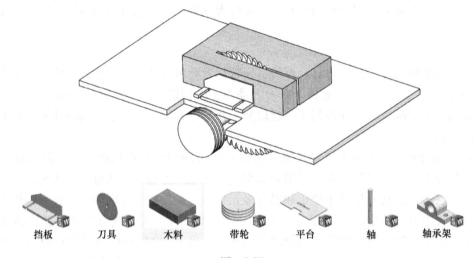

挡板　　刀具　　木料　　带轮　　平台　　轴　　轴承架

图　3-78

表　3-4

序　号	零件名称	数　量	备　注
1	挡板	1	
2	刀具	1	
3	木料	2	
4	带轮	1	
5	平台	2	
6	轴	4	
7	轴承架	4	

一、SolidWorks 零部件装配

1. 新建 SolidWorks 装配文件

执行【新建】→【装配体】→【assem】，新建装配模块，如图 3-79 所示。

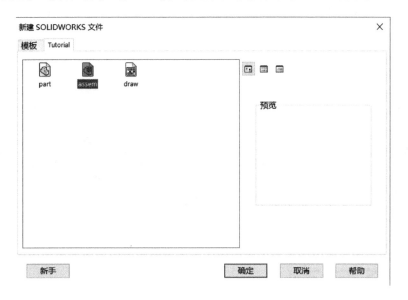

图　3-79

2. 在 SolidWorks 装配模块中插入零部件

1）单击插入零部件的图标，打开选项卡，如图 3-80 所示。

2）单击【浏览】，选择需要插入的零部件，再单击【打开】，如图 3-81 所示。

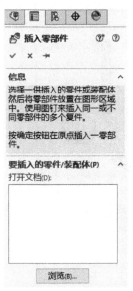

图　3-80

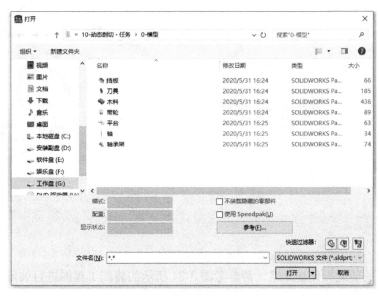

图　3-81

3）插入零件（固定状态）。将挡板作为固定件，只需单击选项卡中对勾，直接与装配体坐标系重合，如图 3-82 所示。

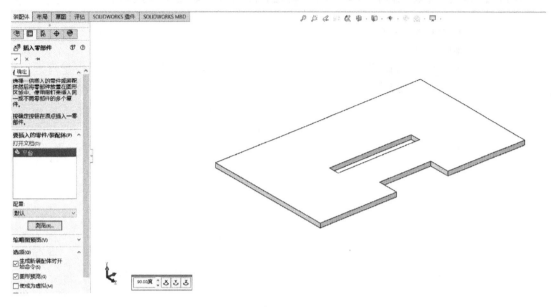

图　3-82

4）依次插入其他零件，如图 3-83 所示。

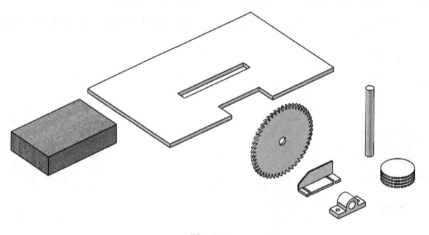

图　3-83

3. 添加各零部件之间的约束关系

装配操作步骤略，请参考图 3-84 所示的装配工程图进行装配。

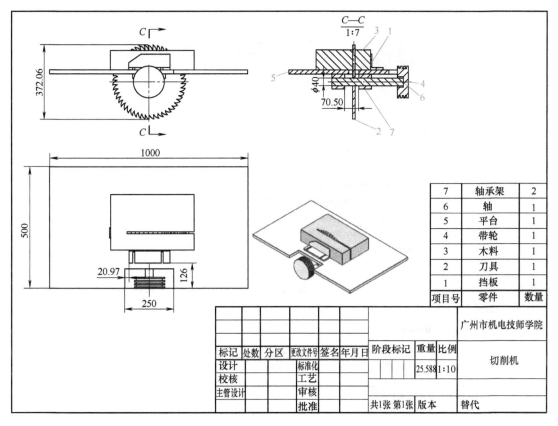

图 3-84

二、SolidWorks 装配体运动原理仿真动画制作

1. 启动 SolidWorks 运动算例

2. 动画向导

1）展示整个机构，旋转一周，时间条设置为 2s，如图 3-85 所示。

2）需要约束刀具与轴、带轮之间的配合，采用机械配合的齿轮配合，比率为 40mm∶40mm（可自定义），然后确定转向是否一致，再修改是否反转，如图 3-86 所示。

3）给带轮添加旋转马达并设置运动模式为距离，转动角度为 1280 度（可自定义），开始时间从第 2s 开始，持续 4s，如图 3-87 所示。

4）给木料添加线性马达并设置运动模式为距离，距离为 1000mm（可自定义），开始时间从第 2s 开始，持续 4s，与刀具旋转马达时间保持一致，实现同步进行效果，如图 3-88 所示。

5）木料经过刀具切割后，还是保持原状，如图 3-89 所示。

6）切痕动画制作。需在装配体中新建切除-拉伸，并将其设置只与木料有关，如图 3-90 所示。

7）完成动态剖切效果，如图 3-91 所示。

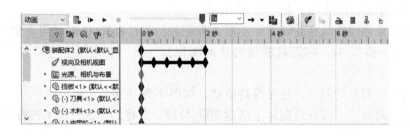

图 3-85

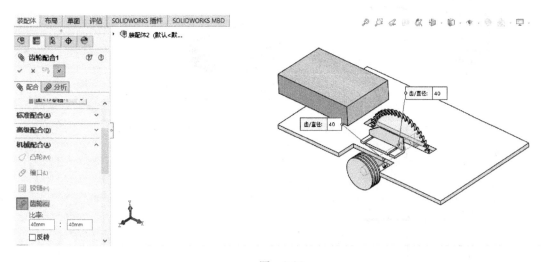

图　3-86

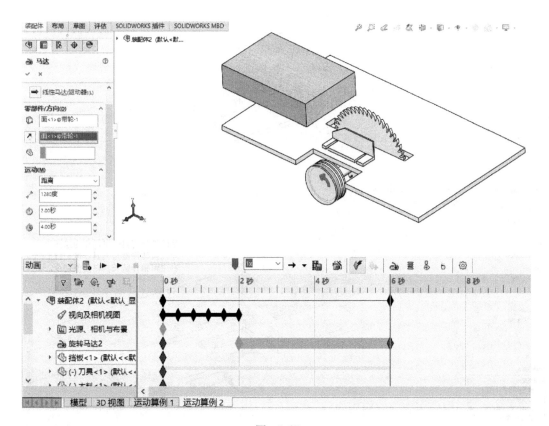

图　3-87

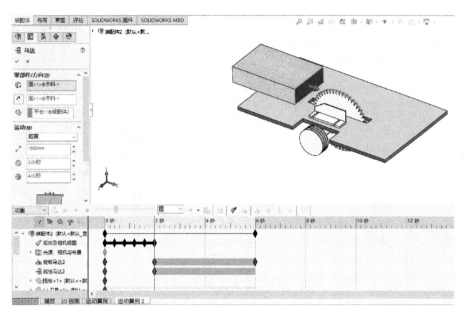

图 3-88

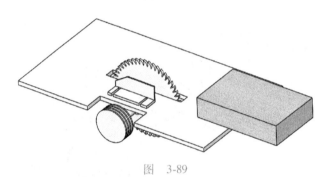

图 3-89

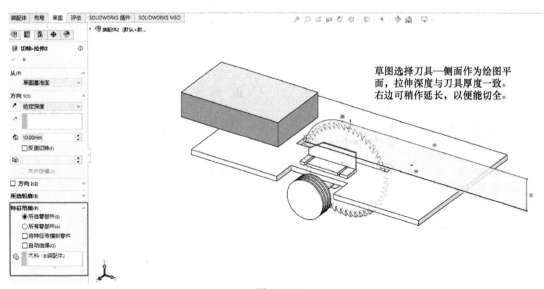

草图选择刀具—侧面作为绘图平面，拉伸深度与刀具厚度一致。右边可稍作延长，以便能切全。

图 3-90

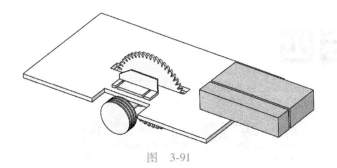

图　3-91

3. 动画视频输出设置

单击![icon]保存动画，设置图像大小，如图 3-92 所示。

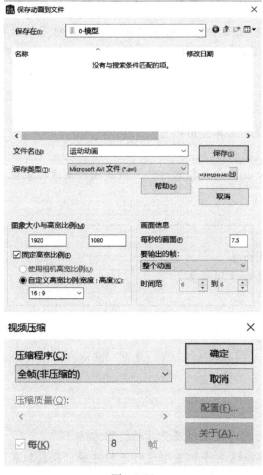

图　3-92

课堂讨论

1）说一说虚拟装配的操作步骤、装配技巧和注意事项。

2）切割机可运用于日常生活中哪些产品？

项目四

实物测绘实例

项目描述

本项目主要介绍手机支架和玩具电梯的测绘方法，对实物进行测绘、建模和虚拟装配，并制作其工作运动动画。

项目目标

1) 提高动手操作以及工具使用能力。
2) 掌握测绘量具的使用方法。
3) 熟练使用 SolidWorks 完成各零件的三维建模以及虚拟装配。

项目重点

1) 测绘量具的使用方法。
2) 实物零件的测绘和建模方法。

任务一　手机支架测绘实例

任务目标

1) 掌握手机支架的测绘方法以及量具的使用方法。
2) 熟练使用 SolidWorks 对手机支架进行三维建模以及虚拟装配。

任务实施

根据手机支架示意图（图 4-1）以及零件清单（表 4-1）完成测绘建模和虚拟装配，并生成装配图。

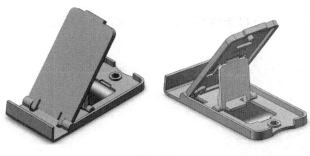

图 4-1

序号	零件名称	数量	备注
1	底座	1	
2	支撑板	1	
3	斜板	1	

表 4-1

一、零部件测绘建模

1. 底座

测绘图 4-2 所示支架底座，建模步骤见表 4-2。

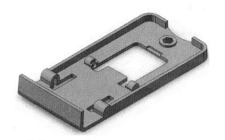

图 4-2

表 4-2

步骤	1. 基体拉伸切除	2. 镜像	3. 分割实体
图例			

步骤	4. 保存实体	5. 完善细节	
图例			

其中分割并保存实体分解步骤如下。

1）单击底座内表面作为基准面，绘制支架支撑板的外轮廓草图，如图4-3所示。

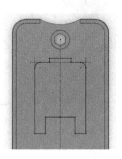

图 4-3

2）单击分割图标，或选择【插入】—【特征】—【分割】。

3）在选项卡中，剪裁工具选择支架支撑板的外轮廓草图，然后单击"切除零件"，得到实体1和实体2，如图4-4所示。

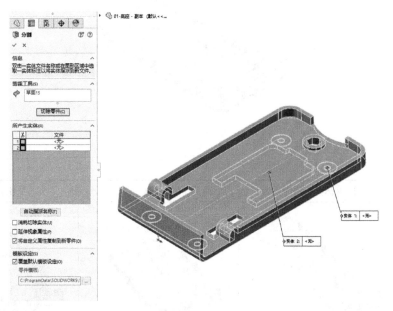

图 4-4

4）在所产生的实体下，单击图标下要保存的实体，或单击【自动指派名称】按钮。

5）单击图标退出。所有已保存的实体将会出现在图形区域中，并列在FeatureManager设计树的实体下。软件将自动命名所有实体，也可以自行更改名称。

2. 支撑板

测绘图4-5所示支架支撑板，建模步骤见表4-3。

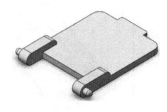

图 4-5

表 4-3

步骤	1. 分割实体	2. 保存实体	3. 完善细节
图例			

3. 斜板

测绘图 4-6 所示支架斜板，建模步骤见表 4-4。

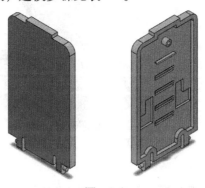

图 4-6

表 4-4

步骤	1. 新建装配体	2. 在装配体中生成零件	3. 完善细节
图例			

其中在装配体中生成零件分解步骤如下。

1）单击新零件图标，或选择
【插入】—【零部件】—【新零件】。

2）单击底座内表面作为基准面，
绘制斜板外轮廓草图，并拉伸基体，
如图 4-7 所示。

图 4-7

3）使用与单独建立零件时同样
的方法构造零件特征，可以参考装配
体中其他零部件的几何体，也可以退出编辑后单独打开零件进行编辑。

二、零部件装配

新建装配体，完成手机支架装配，如图 4-8 所示。

图　4-8

新建工程图，完成手机支架装配工程图，如图 4-9 所示。

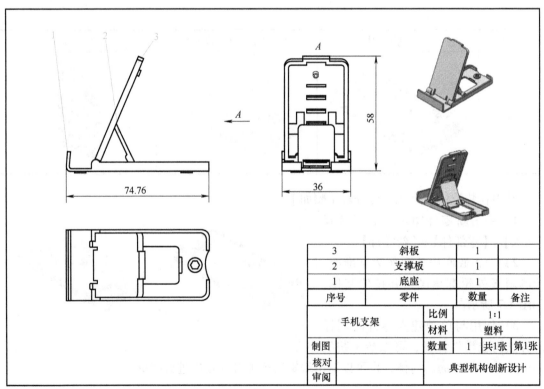

3	斜板	1	
2	支撑板	1	
1	底座	1	
序号	零件	数量	备注

手机支架	比例	1:1	
	材料	塑料	
制图	数量	1	共1张 第1张
核对		典型机构创新设计	
审阅			

图　4-9

知识链接

一、测绘与拆卸的基本知识

测绘前要对被测绘零部件进行全面仔细地观察、了解和分析，收集并参照有关资料、说明书或同类产品的图样，以便对被测绘零部件的性能、用途、工作原理、功能结构特点以及装配体中各零件间的装配关系、连接方式等有概括的了解，为下一步做好准备工作。拆卸的注意事项：

1）在初步了解零部件的基础上，依次拆卸零件，并仔细编号、记录零件名称和数量，拆卸的零件尽量按顺序妥善保管，避免损坏、生锈和丢失；对于螺钉、螺母、键、销等易分散遗失的小零件，拆卸后应仍装在原孔、槽中，从而避免丢失或装错位置，以便装配复原。

2）拆卸前要仔细观察、分析装配体的结构特点、装配关系和连接方式，从而选择合适的拆卸顺序，采用合理的拆卸方法。明确哪些是精密或重要的零件，在拆卸时应避免重击和损伤此类零件。

3）对不可拆卸零件，如焊接件、铆接件、镶嵌件或过盈配合连接件等，不要拆开；对于精度要求较高的过渡配合或不拆也可测绘的零件，尽量不拆，以免降低机器精度或损坏零件而无法复原；对于标准件，如滚动轴承或油杯等，也可不拆卸，通过相关件尺寸查看有关标准即可。

4）对于零件中的一些重要尺寸，如零件间的相对位置尺寸、装配间隙和运动零件的极限位置尺寸等，应在拆卸前进行测量，以便重新装配部件时保持原来的装配要求和性能，同时也为装配图提供标注尺寸。

二、装配图的基本知识

1. 装配图的内容

1）视图。装配图用一组视图正确、完整、清晰地表达机器或部件的工作原理、各组成零件间的相互位置和装配关系及主要零件的结构形状。

2）必要的尺寸。装配图中必须标注反映机器或部件的规格、性能以及装配、检验和安装时必要的一些尺寸。

3）技术要求。在装配图中用文字或国家标准规定的符号注写出该装配体在装配、检验、使用等方面的要求。

4）零件序号、明细栏和标题栏。根据生产组织和管理工作的需要，应对装配图中的组成零件编写序号，并填写明细栏和标题栏，说明机器或部件的名称、图号、图样比例以及零件的名称、材料、数量等一般概况。

2. 装配图的尺寸标注

装配图的作用与零件图不同，因此不必注出零件的全部尺寸。为了进一步说明机器或部件的性能、工作原理、装配关系和安装要求，一般应标注以下尺寸：

1）性能和规格尺寸。性能和规格尺寸表示机器或部件工作性能和规格的尺寸。它是在设计时就确定的尺寸，是设计、了解和选用该机器或部件的依据。

2）装配尺寸。装配尺寸表示明确机器或部件中零件之间的装配关系和重要的相对位置，用以保证机器或部件的工作精度和性能要求的尺寸。

3）安装尺寸。安装尺寸表示机器或部件安装到整机或安装到地基上时所需要的尺寸。

4）外形尺寸。外形尺寸表示机器或部件外形的总体尺寸，即总长、总宽和总高，为机器或部件在包装、运输和安装过程中所占用的空间提供数据。

上述几种尺寸往往同时具有多种意义，在一张装配图中，并不一定需要全部注出上述尺寸，而是根据具体情况和要求来确定装配图上的尺寸标注。

3. 零件序号和明细栏

为了便于识图、图样管理和组织生产，必须对装配图中的所有零部件进行编号，列出零件的明细栏，并按编号在明细栏中填写该零部件的名称、数量和材料等。

1）装配图中所有的零部件都必须编写序号。相同的多个零部件应采用一个序号，一个序号在图中只标注一次，图中零部件的序号应与明细栏中零部件的序号一致。

2）明细栏是机器或部件中全部零部件的详细目录，内容有零部件序号、代号、名称、材料、数量、质量（单件和总计）及备注等组成，也可按实际需要增加或减少。明细栏位于标题栏的上方，零部件的序号自下而上填写。

课堂讨论

1）说一说测绘过程中出现的状况、测绘技巧和注意事项。

2）完成任务后填写零件明细表，见表4-5。

表　4-5

序号	零件名称	体积/mm³	备注	分值	得分
1					
2					
3					

任务二　玩具电梯测绘实例

任务目标

1）掌握玩具电梯的测绘方法以及量具的使用方法。

2）学会使用SolidWorks对玩具电梯进行三维建模以及虚拟装配。

3）学会使用SolidWorks对玩具电梯进行渲染。

任务实施

根据玩具电梯示意图（图4-10）以及零件清单（表4-6）进行测绘建模和虚拟装配，并生成装配图。对建模后的玩具电梯各零部件的外观进行设置，生成渲染图片。

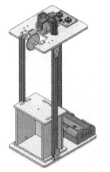 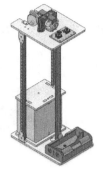

图　4-10

表　4-6

序号	零件名称	数量	备注	序号	零件名称	数量	备注
1	齿轮	1		10	电梯盒上盖	1	
2	大轴架	6		11	电梯盒下盖	1	
3	底板	1		12	顶板	1	
4	电池盒	1		13	铁轴	1	
5	电动机	1		14	小轴架	2	
6	电动机夹	1		15	直杆	3	
7	电路板	1		16	轴套	4	
8	电梯盒侧板	2		17	蜗杆	1	
9	电梯盒后板	1					

一、重要零部件测绘建模

1. 电池盒

测绘图 4-11 所示电池盒，建模步骤见表 4-7。

图　4-11

表　4-7

步骤	1. 基体拉伸抽壳	2. 基体切除镜像	3. 完善细节
图例			

2. 电动机

测绘图 4-12 所示电动机，建模步骤见表 4-8。

图　4-12

表　4-8

步骤	1. 基体拉伸	2. 基体切除镜像	3. 完善细节
图例			

3. 电动机夹

测绘图 4-13 所示电动机夹，建模步骤见表 4-9。

图　4-13

表　4-9

步骤	1. 基体拉伸镜像	2. 基体拉伸镜像	3. 完善细节
图例			

4. 电路板

测绘图 4-14 所示电路板，建模步骤见表 4-10。

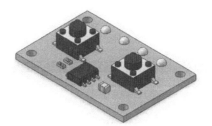

图　4-14

表　4-10

步骤	1. 基体拉伸切除	2. 基体拉伸	3. 镜像
图例			

步骤	4. 基体拉伸	5. 完善细节	
图例			

5. 底板

测绘图 4-15 所示底板。

6. 顶板

测绘图 4-16 所示顶板。

7. 电梯盒下盖

测绘图 4-17 所示电梯盒下盖。

8. 电梯盒侧板

测绘图 4-18 所示电梯盒侧板。

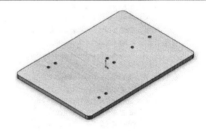

图　4-15

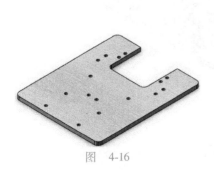

图　4-16

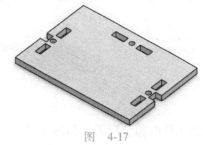

图　4-17

图　4-18

9. 直杆

测绘图 4-19 所示直杆。

图　4-19

二、零部件装配

新建装配体，完成玩具电梯装配，如图 4-20 所示。

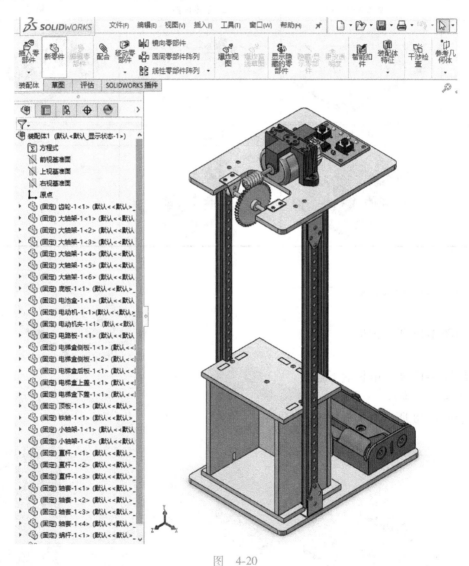

图　4-20

1. 完成玩具电梯装配图

新建工程图，完成玩具电梯装配图，如图 4-21 所示。

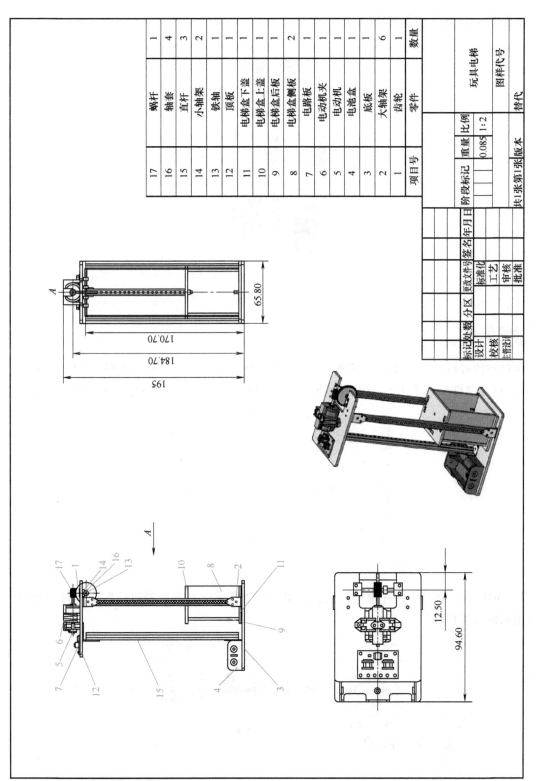

项目号	零件	数量
17	蜗杆	1
16	轴套	4
15	直杆	3
14	小轴架	2
13	铁轴	1
12	顶板	1
11	电梯盒下盖	1
10	电梯盒上盖	1
9	电梯盒后板	1
8	电梯盒侧板	2
7	电路板	1
6	电动机夹	1
5	电动机	1
4	电池盒	1
3	底板	1
2	大轴架	6
1	齿轮	1

玩具电梯

图样代号

	重量	比例
阶段标记	0.085	1:2

共 张第1张 版本

替代

图 4-21

2. 渲染图片

制作图 4-22 所示产品渲染图。

图　4-22

 知识链接

在对零件进行外观设置后，可通过渲染得到高仿真的图片。渲染具体操作步骤如下：

1）打开文件后，单击 SolidWorks 插件，然后单击【PhotoView 360】，如图 4-23 所示。

图　4-23

2）单击【渲染工具】—【最终渲染】，如图 4-24 所示，在弹出的对话框中选择"继续，不使用相机或透视图"。

图　4-24

3）开始进行渲染，渲染的等待时间与计算机的性能有关。渲染完成后单击左下角的"保存图像"就可以得到渲染图片，如图 4-25 所示。

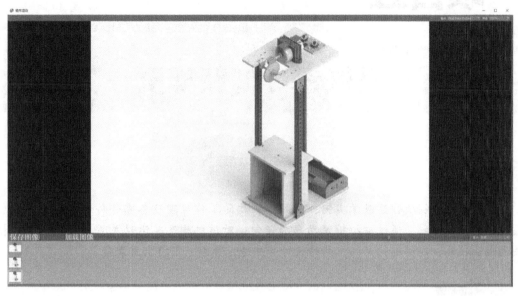

图　4-25

课堂讨论

1）说一说拆卸、测绘过程、测绘技巧和注意事项。

2）完成任务后，填写表 4-11。

表　4-11

序号	零件名称	体积/mm³	备注	分值	得分
1					
2					
3					
4					
5					
6					
7					
8					
9					
10					
11					
12					
13					
14					
15					
16					
17					

机械设计创新实例

项目描述

　　本项目以电刨机作为教学实例，讲解该机构的工作原理及各零部件的功能，并完成该机构的虚拟装配，通过虚拟拆装动画加强学生对该机构及其运动关系的认识，掌握相关的专业技能，能够进行产品机构的设计和改造，具备一定的职业素养。

项目目标

1）熟悉电刨机的各零部件功能，完成电刨机的装配。
2）生成电刨机拆卸模拟动画。
3）生成总装配的着色、等轴测爆炸视图。
4）设计凸出的带轮机构的保护罩，具体方案自行设计。
5）在原毛坯基础上，对端盖进行修改设计。

项目重点

1）熟悉电刨机的各零部件功能，完成电刨机的装配。
2）在原毛坯基础上，对端盖进行修改设计。
3）设计凸出的带轮保护罩，具体方案自行设计。

任务一　电刨机整机的虚拟拆装

任务目标

1）熟悉电刨机的各零部件功能，完成电刨机的装配。
2）生成电刨机拆卸模拟动画。
3）生成总装配的着色、等轴测爆炸视图。

观看电刨机的相关视频讨论以下问题：
1）电刨机的工作原理是怎样的？
2）阐述各部件的功能、作用。

任务实施

一、任务说明

某公司需要设计一款间接传动式结构的电刨机，如图 5-1、图 5-2 所示，它由电动机、刨刀架、刨削深度调节机构、手柄、开关等组成，电动机输出轴带动传动带驱动刀轴上的刨刀进行刨削作业。刀腔结构有上、下两层，上层为排屑室，由电动机风扇的冷却风进行排屑。刨削深度调节机构由深度调节旋钮、防松弹簧、前底板等组成，拧动深度调节旋钮，前底板上下移动，从而调节刨削深度。

图　5-1

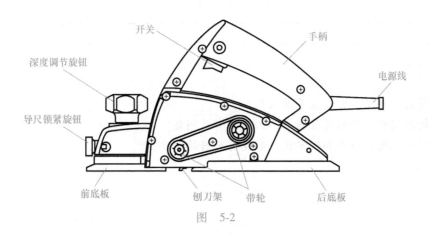

图　5-2

二、任务要求

熟悉电刨机的各零部件功能，可以采用淡化、剖切等功能查阅零件位置及装配关系，了解其工作原理。

1. 生成电刨机拆卸模拟动画

任务要求如下：

1）动画时长不超过 60s、avi 格式文件、分辨率为 1280×720 像素。

2）应包含 1s 静态等轴测展示电刨总装配。

3）按拆卸的动作顺序完成电刨机的拆卸动画。

4）最后 1s 需切换相机镜头，完整展示电刨爆开后的总装配。

2. 生成电刨机工程图

任务要求如下：

1）在 A2 图纸上生成总装配的着色、等轴测爆炸视图（子装配不需炸开）。

2）添加序号和明细栏，包含项目、零件代号和数量三列。

3）需导出 PDF 格式文件。

三、提交资料

按照任务要求提交以下资料：

1）爆炸视图文件。

2）拆卸模拟 avi 动画文件。

3）总装配爆炸视图工程图（PDF 格式）。

任务步骤

1. _____

2. _____

3. _____

4. _____

5. _____

6. _____

7. _____

课堂讨论

1）拆装需要考虑哪些注意事项？

2）拆卸模拟动画制作过程中，出现了哪些问题？

3）爆炸视图的视角如何定义，有没有更好的方法？

任务二　电刨机带轮保护罩的设计

任务目标

1）设计凸出的带轮保护罩。

2）画出设计保护罩的零件工程图。

3）通过两个不同的视角对电刨机进行展示，生成一张高清的渲染图。

根据任务一的内容讨论以下问题：

1）产品安全保护措施主要体现在哪些方面？可以举例说明。

2）电刨机的带轮区域处于裸露状态，应采取什么措施？

任务实施

一、任务说明

原电刨机的带轮机构是裸露在外的，现需设计一款保护罩对其进行保护，请通过所学知识进行设计，并将其固定。注意孔位配合，螺孔位请参考其他螺孔配合方式，采用螺钉 M4×20 进行固定，如图 0-4 所示。

二、任务要求

1）为了确保电刨机的安全性，需要对凸出的带轮保护罩进行保护设计（类似盖、罩等形式），具体方案自行设计。

2）画出设计保护罩的零件工程图。

3）通过两个不同的视角对电刨机进行展示，生成一张高清的渲染图。要求为 JPG 格式文件，分辨率为 1920×1280 像素。

三、提交资料

按照任务要求提交以下资料：

1）保护罩零件工程图（PDF 格式）。

2）总装配渲染图（JPG 格式）。

任务步骤

1. _____

2. _____

3. _____

4. _____

5. _____

6. _____

7. _____

课堂讨论

1）新设计保护罩可以采用哪种固定方式？

2）在设计保护罩时需要注意哪些事项？

任务三　电刨机壳体的修改设计

任务目标

1）在原毛坯的基础上，对端盖进行修改设计。
2）生成设计后的壳体端盖的零件工程图。
3）通过两个不同的视角对电刨机进行展示，生成一张高清的渲染图。

课前讨论

根据任务一、任务二讨论以下问题：
1）在制作任务一、任务二时，哪个零件是实心的？
2）该零件与多少个零件相互干涉，如何解决？

任务实施

一、任务说明

原壳体端盖为毛坯体，它与其他零件是有多处干涉的，且该零件也没有任何固定配合方式，如图 5-3、图 5-4 所示，请对它进行修改设计，并将其固定。注意孔位配合，螺孔位请参考其他螺孔配合方式。

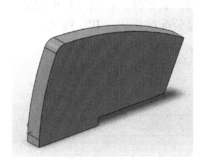

图　5-3　　　　　　　　　　　　　　　　　　图　5-4

二、任务要求

1）原壳体端盖需在原毛坯基础上修改设计。
2）生成设计后的壳体端盖的零件工程图，标注重要修改尺寸（孔位等），并用轴测图完整展示零件，导出 PDF 格式。
3）通过两个不同的视角对电刨机进行展示，生成一张高清的渲染图。格式为 JPG 格式文件，分辨率为 1920×1280 像素。

三、提交资料

按照任务要求提交以下资料：

1）壳体端盖修改后的文件。

2）壳体端盖零件工程图（PDF 格式）。

3）总装配渲染图（JPG 格式）。

任务步骤

1. _____

2. _____

3. _____

4. _____

5. _____

6. _____

7. _____

课堂讨论

1）壳体端盖在设计时要注意哪些事项？

2）壳体端盖固定方式如何设计，是否可以参考电刨机其他部位的方式？

3）生成工程图要注意哪些制图标准？

参考文献

［1］ 王希波. 机械基础 ［M］. 6 版. 北京：中国劳动社会保障出版社，2018.

［2］ 胡其登，戴瑞华. SOLIDWORKS 零件与装配体教程：2020 版 ［M］. 11 版. 北京：机械工业出版社，2020.

［3］ 张丽杰，冯仁余. 机械创新设计及图例 ［M］. 北京：化学工业出版社，2018.

［4］ 果连成. 机械制图 ［M］. 7 版. 北京：中国劳动社会保障出版社，2018.